TROIS ANS EN AFRIQUE

PARTHENAY. — TYP. PAUL BOURSON.

TROIS ANS

EN AFRIQUE

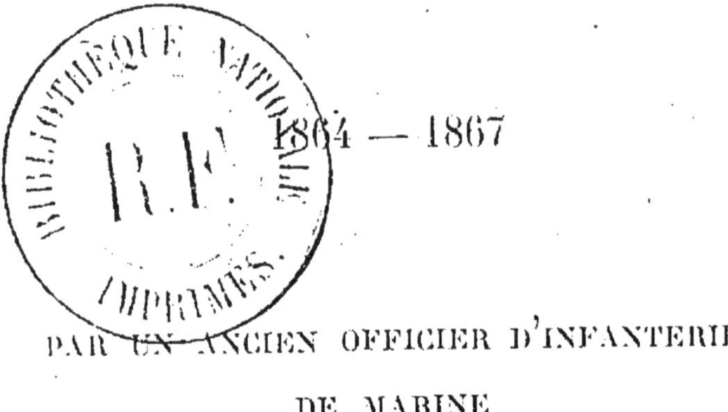

1864 — 1867

PAR UN ANCIEN OFFICIER D'INFANTERIE
DE MARINE

PARTHENAY

IMPRIMERIE TYPOGRAPHIQUE DE PAUL BOURSON

1874

LA TRAVERSÉE

(FRANCE AU SÉNÉGAL).

TROIS ANS
EN AFRIQUE

LA TRAVERSÉE

(FRANCE AU SÉNÉGAL).

En Mer (Juin 1864).

Le paquebot a déployé ses larges voiles et la puissante machine que nous sentons tressaillir dans ses flancs nous emporte, à toute vapeur, vers des horizons lointains. La mer immense nous entoure et nous nous perdrons bientôt, comme un point, dans l'espace infini. Nos yeux cherchent encore, à travers la brume, un dernier souvenir de la France, puis, à l'idée d'un adieu, peut-être éternel, nous tombons dans une sombre mélancolie.

Ubi bene, ibi patria, a dit un poète matérialiste. Non, la patrie n'est pas là où l'on est bien, elle est là où reposent les cendres de nos aïeux, sur la terre natale où ils ont souffert pour nous faire avancer de quelques pas dans la voie si difficile du progrès. Certes, nous ne brisons pas en la quittant les liens d'affection qui nous y attachent, mais notre cœur éprouve cette même douleur que nous avons tous ressentie, en nous éloignant pour la première fois de la maison paternelle, et nous comprenons, dans notre tristesse, que le sol est à la patrie ce que le toit est à la famille.

La *Navarre*, qui dessert la grande ligne de Bordeaux à Rio-Janeiro, en touchant au Sénégal, glisse sur les flots avec une vitesse de 12 nœuds à l'heure. Ses énormes roues, blanches d'écume, tracent deux sillons éblouissants sur la lame rapide qui s'abaisse en grondant sous les flancs du navire. Le pont, étincelant de propreté, s'étend sur une longueur de 100 mètres environ et se divise en trois parties principales : l'avant, réservé aux passagers de 3e classe, le milieu où règne la machine et l'arrière ou dunette, notre séjour favori. Un salon immense, décoré avec luxe, éclairé par de nombreuses fenêtres, occupe l'espace compris entre le grand mât et le gouvernail et contient, à l'heure des repas, plus de 100 passagers de 1re et de 2e classe, traités sur le même pied d'égalité. Le service s'y fait avec une exactitude, une élégance et un confortable qui échappent à toute critique.

Voici notre régime alimentaire : le matin, chocolat ou café au lait ; à 9 heures, déjeûner à la fourchette ; à 1 heure, potage et viande froide ; à 6 heures, dîner copieux, et, enfin, à 8 heures, tasse de thé avec gâteaux. Une pareille quantité de nourriture vous étonnera sans doute, mais ce qui serait superflu à terre, devient nécessaire à bord, sous l'influence de l'air de la mer qui double l'appétit et transforme les ladys les plus diaphanes en véritables Gargantuás.

En marchant vers l'avant, nous rencontrons la machine, dont on aperçoit les rouages principaux. Rien de plus imposant, de plus simple en même temps que ses différents organes qui se meuvent en silence et s'agitent comme les bras gigantesques d'un monstre enchaîné dans les sombres profondeurs du navire. A quelques mètres de la machine, un large panneau donne accès dans un long corridor où se trouvent les cabines des passagers. Ces dernières sont aussi simples qu'étroites, le luxe y est inconnu, le strict nécessaire trouvant à peine à s'y loger. Deux petites couchettes superposées sont fixées aux cloisons perpendiculaires à l'axe du navire. Un lavabo, une glace et un pliant complètent le mobilier qui doit suffire aux habitants de ces petits réduits, vaguement éclairés par une ouverture vitrée (un hublot), située à quelques pieds au-dessus de la ligne de flottaison.

La décision ministérielle qui m'envoie comme sous-lieutenant au bataillon de tirailleurs sénégalais, m'a donné fort heureusement, pour compagnons de traversée, quatre chirurgiens et trois officiers de marine, appelés à servir au Sénégal ou au Gabon. Vivant tous les huit en frères d'armes, appelés à partager les mêmes dangers, nous passons la journée à nous promener sur le pont en fumant d'excellents cigares étrangers que le commandant du paquebot s'est empressé de nous offrir, quelques heures après notre départ de Bordeaux. Le soir, une joyeuse chanson de Béranger vient égayer nos cœurs et chasser l'ennui qui galope après nous.

Nous devons toucher dans quelques jours à Lisbonne pour y faire du charbon. Nous comptons, mes collègues et moi, profiter de cette courte relâche pour visiter en courant la capitale du Portugal.

LISBONNE

Une heure après notre entrée dans le Tage, nous arrivons à Lisbonne ; un ciel sans nuages éclaire la côte et la rade. La ville est jetée en amphithéâtre sur une pente très-rapide et se dessine gracieusement sur un magnifique rideau d'azur. A peine l'ancre vient-elle de mordre le fond du fleuve, que de nombreux matelots portugais tournent dans leurs petits canots autour du paquebot pour s'arracher les voyageurs et les conduire à terre. La cupidité et la jalousie peintes sur leurs traits brunis, leurs cris éclatants effrayèrent plus d'un pacifique passager. Tout ce bruit s'apaisa cependant, les promeneurs se réunirent, par groupes et s'éloignèrent tranquillement vers le rivage. La douane, à la vue de nos uniformes, nous laissa débarquer sans nous accabler de ces mille vexations qui font le désespoir des voyageurs dans toute la péninsule. Un café s'offre à nous, une chaleur étouffante nous y pousse et nous l'envahissons en bande. Quel contraste avec les cafés français ! Chez nous tout brille, tout remue ; ici tout est terne et silencieux. Le maître de l'établissement s'avance à pas comptés et paraît étonné de notre pétulance. On nous sert quelques rafraîchissements que nous sommes bien loin de trouver à la hauteur des compliments que leur avait décernés leur premier maître et nous quittons ce lieu inhospitalier, plus altérés qu'à notre entrée.

Ne pouvant satisfaire notre soif, nous voulons au moins récréer nos yeux et nos oreilles et nous entrons dans le jardin du roi. Un millionnaire français en serait honteux. La musique que nous y entendons est détestable ; c'est une vraie musique de saltimbanques. Bouchant nos oreilles, nous nous promenons quelque temps au milieu d'une foule qui paraît copier, en les exagérant encore, les froides et superbes allures britanniques. Les Portugais nous ont paru d'une fatuité et d'une morgue outrées. — Quant aux femmes, elles sont généralement jolies, mais presque toutes d'un embonpoint qui les fait ressembler aux anges bouffis qui ornent les angles de nos cathédrales. Elles n'ont de remarquable que de grands yeux noirs qui animent heureusement une figure trop pleine et d'un ton trop mat. Après avoir donné une grande quantité de monnaie du pays au gardien du jardin, nous sortons en louant fort peu la largesse du roi qui fait payer l'entrée de sa promenade et l'audition de sa musique barbare.

Quittant les quartiers aristocratiques, nous gravissons en chantant les rues escarpées qui grimpent sur les flancs de la côte. Le soir est descendu sur la ville et le quartier que nous explorons s'anime par la sortie de beautés aussi faciles qu'effrontées. Sous les vertes jalousies dominant de longs balcons, de jeunes portugaises en costume plus que léger, agitent leurs éventails et nous invitent par signes, à pénétrer dans leur modeste asile. Nous évitons ces dangereuses sirènes et nous trouvons bientôt sur le quai le batelier qui nous a descendus à terre. Nous poussons au large, en lui recommandant de nous conduire lentement, et nous nous laissons aller à de douces rêveries. Le ciel resplendit d'étoiles brillantes, l'air pur est embaumé par les arbres qui bordent le Tage, l'eau calme et limpide, reflète les mille lumières qui éclairent Lisbonne. Nos regards se portent tour à tour sur la ville et sur le sillage de notre petit bateau qui laisse après lui une lueur phosphorescente. Le paquebot nous apparaît bientôt triste et sombre comme une prison, et le sommeil ne tarde pas à nous procurer des rêves agréables qui nous font attendre patiemment le lever du soleil.

A 7 heures, tout le monde est debout ; nous déjeunons rapidement et en deux bonds nous sommes à terre. Il faut profiter des quelques heures qui nous restent ; chacun le comprend et il n'y a pas de retardataires. Nous voulons saisir Lisbonne à son réveil et nous y réussissons. Nous rencontrons çà et là quelques femmes qui reviennent de la messe du matin et se retournent étonnées sur notre passage bruyant. La vue de leurs livres dorés nous pousse naturellement à entrer dans la première église qui se présente à nous. Un bedeau tout habillé de rouge nous salue jusqu'à terre et s'empresse de nous tendre une main que nous éloignons vivement pour remplir celle du pauvre qui nous implore du regard. Quelques femmes, agenouillées sur le marbre, prient devant les autels qui entourent le chœur, d'autres réunies par groupes de deux ou trois, paraissent s'occuper de leurs affaires domestiques. L'ornementation est assez simple, mais pas assez cependant pour racheter par sa simplicité ce qui manque comme architecture. Après une courte et bonne prière, nous sortons sous l'œil irrité du sacristain.

L'un de nous propose d'aller voir le marché; l'idée est bonne et nous la suivons. A l'entrée d'une grande halle, nous trouvons un poste de soldats portugais. Un factionnaire, le fusil négligemment jeté sur le bras, se promène, en souriant à une jeune dame trop sensible, sans doute, à l'éclat de l'uniforme. La discrétion l'emportant sur le zèle militaire, notre amoureux quitte son poste et va causer à l'oreille de sa jeune maîtresse, lui donne probablement un rendez-vous, puis revient paisiblement reprendre sa promenade irrégulière. Cette petite scène se passait sous les yeux d'un caporal, orné d'une vaste pipe et paraissant avoir pour consigne de protéger les amours de ses inférieurs.

Nous nous frayons avec peine un chemin au milieu des marchands et des acheteurs. Le marché est couvert des plus beaux fruits, de légumes monstrueux, d'herbes odoriférantes dont le bas prix nous étonne. La vie matérielle doit être facile dans ce pays si fertile où règne un printemps éternel.

Le coup de canon du départ se fait entendre, adieu Lisbonne, adieu la terre d'Europe ; nous sortons à la hâte du marché, nous nous embarquons plus vite encore et en un clin d'œil, nous arrivons au paquebot. Il était temps, on levait l'ancre.

EN MER

La vie de bord que la plupart des passagers supportaient gaiement jusqu'à ce jour, commence à assombrir les visages. La régularité de l'existence, la vue constante des mêmes personnes, l'impossibilité de s'isoler complétement à sa volonté, finissent par agacer le système nerveux et rendent l'homme farouche et d'un accès difficile. Il se trouve heureusement au milieu de nous, un de ces hommes dont la vie n'est qu'un long éclat de rire. Inutile de dire que c'est un Français.

Pianiste distingué, il quitte Paris pour aller charmer les habitants du Brésil et faire ample provision de leur monnaie. Que peut faire un musicien à bord, si ce n'est organiser un concert? Notre homme met tout en mouvement, s'incline devant le commandant, flatte les officiers, recrute les exécutants, remue le salon de fond en comble, fait hisser son piano, dormant à fond de cale, et finit par proclamer à grand renfort de gestes et de tapage que lui, Commandeur de Malte, décoré de tous les ordres étrangers, etc., etc., aura l'honneur de donner un concert à MM. les passagers de la *Navarre*, à 8 heures précises, dans la salle à manger.

Cette agréable nouvelle secoue notre torpeur et nous quittons notre tenue commode, mais un peu trop modeste, pour faire quelques frais de toilette.

L'heure désirée arrive enfin : le commandant préside la réunion, le salon est rempli d'amateurs, l'équipage écoute aux fenêtres, les mousses grimpent sur les cordages pour jouir d'une distraction bien rare pour eux. Le thé est servi et l'auditoire ainsi préparé à l'indulgence, entend avec un plaisir extrême un duo exécuté sur le violon et sur le piano. Nous pensions nous distraire seulement, mais lorsque nous entendîmes l'archet attaquer vigoureusement la corde pour lui faire pleurer les notes sublimes du *Miserere*, l'émotion commença à nous gagner et nous battîmes des mains avec transport. Cette belle musique, encadrée par les bruits pesants de la lame se brisant contre les flancs du navire, allait droit au cœur. Les artistes, applaudis à outrance, ont cédé leur place à une société composée du père et de ses cinq enfants. Placés au bout de la grande table recouverte d'un tapis rouge, ces derniers rangent cinq par cinq une quarantaine de cloches de dimensions différentes et dont les plus fortes peuvent avoir trente centimètres de hauteur. L'étonnement est général et nous nous attendons à quelque tour d'escamoteur. Mais, ô surprise ! Le père se lève, prend une grosse cloche, donne le ton et les enfants, se précipitant sur ces instruments d'un nouveau genre, commencent un concert d'une justesse et d'une douceur infinies. Deux jeunes filles, au regard étincelant, au teint animé, la poitrine couverte d'un léger voile de gaze, s'agitent comme des fées gracieuses et suivent dans l'œil de leur père la cadence merveilleuse qui règle leur ravissante harmonie.

Un de mes camarades, voulant sans doute battre fortement en brèche le cœur d'une jeune et jolie passagère, s'avança alors en rougissant, une flûte à la main. Il cherche vainement à se donner une contenance assurée, et il a beau tordre sa moustache, le guerrier a fait place au débutant. Il nous joue (je ne dirai pas comment) quelques fragments d'une marche mexicaine et reçoit quand même, à titre d'encouragement sans doute, des bravos nombreux et méchants peut-être. Son triomphe douteux est vite oublié, à la douce et sympathique voix d'une jeune dame aveugle qui chante avec âme la charmante romance :

> En attendant, sur mes genoux,
> Beau général, endormez-vous.

La soirée se termina gaiement par une chansonnette comique et chacun prit en riant le chemin de sa cabine.

SÉNÉGAL

SAINT-LOUIS. — PODOR.

SÉNÉGAL

SAINT-LOUIS

(Août 1864).

La ville de Saint-Louis, résidence du gouverneur du Sénégal (général Faidherbe), est bâtie sur une île de 2 kilomètres de long sur 2 à 300 mètres de large. Les rues sont pleines de sable; les habitations, à part un petit noyau de maisons blanches, bâties en pierre, sont des huttes en paille d'où s'échappe une odeur *sui generis*. Ces cabanes toutes primitives sont occupées par la population noire, qui ne possède pas encore de notions bien exactes sur le balayage et la propreté. Non contents d'empester la ville, les nègres paraissent vouloir y interdire la circulation.

Des familles entières s'installent au milieu des rues, y font leurs repas et dorment en plein soleil le nez dans le sable. Un européen ne résisterait pas une heure à la chaleur concentrée dans un pareil endroit, mais les noirs s'y prélassent avec volupté ; leur crâne, il est vrai, a l'épaisseur d'une charpente et les met à l'abri de toute insolation.

Un pont en bois fait communiquer la ville avec la rive gauche du fleuve (*le Sénégal*), et permet d'aller se promener sur la route du désert. La végétation est tout-à-fait inconnue ici : Saint-Louis ne possède pas dix palmiers. Une touffe d'herbe est un phénomène dans le pays. Du sable, toujours du sable, voilà tout ce qui s'offre à la vue fatiguée d'une pareille stérilité qu'explique la sécheresse du vent d'Est, rendu brûlant par son passage sur le Sahara, cette immense fournaise africaine.

A quelque cent lieues dans l'intérieur, le Sénégal change d'aspect ; à l'abri du vent d'Est, le sol s'y couvre d'une végétation luxuriante. Les postes militaires y sont enfouis au milieu d'herbes gigantesques, à travers lesquelles on ne peut pénétrer que le feu à la main.

Quant à ma position dans ce pays peu protégé de la divinité, la voici en quelques mots : je fais partie d'un bataillon entièrement composé de soldats noirs : les cadres seuls sont remplis par des européens.

Presque tous les tirailleurs sénégalais s'engagent pour ne point mourir de faim chez eux. Devenus soldats, ils se battent comme des diables, et il n'y a pas d'exemple de lâcheté commise par un noir. A peine revêtus de leur tenue de zouave, ils passent aussitôt pour gens d'importance aux yeux de leurs compatriotes et sont très-recherchés des femmes de leur couleur (on appelle femme au Sénégal quelque chose de bien hideux qui ressemble à un singe rasé à qui on aurait coupé la queue). Dès qu'il a un moment de liberté, quelques sous, un morceau de pain, le tirailleur s'enfuit de la caserne et va trouver sa femme. C'est elle qui fait sa cuisine, qui blanchit son linge et raccommode ses effets ; aussi, le dimanche, à la revue de son colonel, le tirailleur est-il éblouissant. C'est dans cet état de splendeur qu'il aime à se promener avec sa sombre moitié. Dimanche dernier, mon soldat s'est mis en route dès le matin et m'a présenté, le soir, sa dame, d'acquisition toute récente : pieds nus, jambes à l'air, le torse entouré d'une mauvaise pièce de toile bleue, cette beauté de l'endroit fait depuis, le bonheur de Massa-Ibrahim. Quant à l'odeur qui s'exhale de cette dame, elle est impossible à définir : celle du bouc est, en comparaison, un doux et agréable parfum.

Voici, maintenant, l'emploi ordinaire de ma journée : le matin, à 5 heures, promenade à cheval sur la plage, exercice de 6 à 8 heures et déjeûner à 10 heures 1/2. Le repas, qui se compose presque exclusivement de mauvaise viande, se prolonge, grâce aux causeries remplaçant les légumes et le dessert, jusqu'à midi. Nous quittons alors la table pour aller faire notre sieste. C'est à ce moment qu'on devient la proie de terribles insectes nommés *moustiques*, si l'on n'a pas la précaution de se calfeutrer exactement dans ses rideaux de mousseline. La piqûre de cet insecte, aussi tapageur et sanguinaire qu'il est petit, cause une inflammation qui dure plusieurs jours et une douleur très-vive à son début. Quant à la transpiration, je n'en parle pas ; depuis mon arrivée au Sénégal, je ressemble à une véritable fontaine. A 4 heures, exercice, puis promenade sur le bord de la mer jusqu'à l'heure du dîner.

Vous connaissez maintenant ma nouvelle existence et il faut laisser s'écouler quelques jours pour faire de nouvelles observations ; je vous quitte donc jusqu'au courrier prochain.

PODOR

(Septembre 1874).

Je n'étais pas destiné à abuser des douceurs de la capitale du Sénégal. La mort de l'un de mes camarades, détaché à Podor, vient de m'appeler dans ce poste.

Podor est situé sur la rive gauche du fleuve, à 80 lieues de Saint-Louis. Un mur crénelé et bastionné l'entoure de tous côtés. Un pavillon, avec galerie et terrasse, sert de logement aux officiers. La chambre que j'occupe, au 1er étage, laisse entrer, par quatre grandes fenêtres, le peu de brise que le ciel nous envoie. Les autres chambres sont prises par le commandant, qui remplit ici un rôle analogue à celui de sous-préfet en France, et par un chirurgien de la marine.

Comme tous les postes du fleuve, Podor a été construit pour protéger le passage des bateaux de commerce. Dans la saison sèche, les traitants viennent s'établir dans les villages voisins, achètent la gomme, l'ivoire, les arachides et quelques autres produits du pays. Les Maures et les noirs de l'intérieur arrivent en foule pour échanger leurs récoltes contre les diverses marchandises françaises dont ils ont besoin. Les bénéfices réalisés dans ces transactions sont énormes. Aussitôt la mauvaise saison venue, les traitants retournent à Saint-Louis pour se mettre à l'abri des maladies du pays. La crue des eaux empêche, d'ailleurs, toute relation avec l'intérieur; la plaine est inondée et toutes les routes interceptées.

L'escale de Podor est très-importante. Le fort protége de ses feux trois grands villages, dont les chefs soumis depuis de longues années à notre influence, sont chargés de maintenir les bonnes relations qui existent entre nous et les naturels des alentours. Ces derniers sont, d'ailleurs, assez paisibles, surtout depuis les vertes leçons que leur a infligées le général Faidherbe.

Le nom du gouverneur qui se présente aujourd'hui sous ma plume, éveille en moi une admiration que je ne peux contenir. J'ai déjà eu l'honneur d'être appelé plusieurs fois devant cet homme éminent, dont la supériorité écrasante éclate et s'impose d'une manière tellement évidente, que je n'ai jamais entendu s'élever le moindre doute sur le haut mérite de cet officier général.

Il est tellement brave qu'on est tenté de le croire invulnérable. Maigre, chétif, comme Bonaparte pendant le consulat, l'esprit seul paraît vivre en lui et cependant, dans toutes les expéditions, il supporte plus de souffrances que le plus malheureux de ses soldats. Terrible pour les noirs qui se révoltent, prompt comme la foudre dans ses vengeances quand le drapeau français a été insulté, il est adoré des européens, qui ont une confiance illimitée dans ce noble représentant de la patrie. Ses qualités militaires sont, d'ailleurs, dignement couronnées par une érudition bien connue dans l'arme savante du génie, à laquelle il appartient.

Le général Faidherbe n'est certes pas apprécié en France à sa juste valeur. La raison en est bien simple : le gouverneur du Sénégal est aussi modeste qu'il est brave et intelligent, et vous savez qu'en fait d'admiration, le bon peuple français réserve la sienne pour les charlatans et les batteurs de grosse caisse.

Cet homme supérieur, qui a conquis sur la nature et sur les sauvages un pays grand comme plusieurs départements français, est moins connu que maint général qui se met de faux mollets pour conduire le cotillon au bal des Tuileries.

Nos voisins, vous ai-je dit plus haut, sont assez calmes et faciles à maintenir. Très-sobres, ils se contentent, pour leur nourriture, d'un peu de riz et de mil ; leur grand plaisir est la danse et ils ne s'en privent guère.

Dimanche dernier, deux à trois cents femmes sont venues dans l'enceinte du poste donner un tam-tam au commandant. C'est une sorte de sérénade accompagnée de danses plus ou moins échevelées. Les femmes du même village s'étaient réunies en groupes et avaient mis, pour ce jour de fête, leur boubou neuf (le boubou, vêtement national, est une longue chemise de couleur sans manches), leurs cheveux étaient tressés en tire-bouchons et enduits d'une graisse bien puante. Assises en cercle, les jambes croisées, elles nous attendaient pour commencer leurs danses. A notre arrivée, une femme se détacha d'un groupe et se mit à danser au son du tam-tam. La mesure, d'abord lente, devint d'une rapidité folle, et la danseuse s'agita comme dans des convulsions suprêmes. Puis, tout-à-coup, ses mouvements devinrent lents et voluptueux pour s'achever avec une violence effrénée. Elle termina ses ébats en venant se prosterner devant nous, et s'échappa, emportant quelques pièces de monnaie qui feront la richesse de sa famille pendant une partie de l'année. Toutes les négresses l'imitèrent successivement et la fête se prolongea jusqu'au coucher du soleil, au milieu des cris et des battements de main qui marquaient la cadence.

Ces danses, très-variées, demandent beaucoup d'exercices préparatoires et sont très-difficiles à exécuter. Il est vrai qu'il y a école ouverte dans chaque village, où l'on prodigue, chaque soir, des coups de tam-tam jusqu'au milieu de la nuit.

Pendant que les dames se reposent, causons un peu de leurs époux.

Le travail du noir est bien minime. Ses besoins

étant peu nombreux, il vit au jour le jour, dans un état très-voisin de l'abrutissement. La plupart des habitants sont pasteurs et conduisent leurs troupeaux dans l'intérieur, loin des bords desséchés et stériles du fleuve. Quant à la culture, ils ne s'en occupent guère. Dans la bonne saison, ils remuent un peu la terre, y jettent quelques poignées de mil et attendent paisiblement une récolte qui suffit, et au-delà, à tous leurs besoins.

Leurs économies servent à acheter des toiles grossières et des amulettes ou *gris-gris*, qui doivent les préserver des maladies. Les chefs ont sur eux jusqu'à vingt livres de chapelets, de colliers en os et en verroterie, et de sachets en cuir renfermant des versets du Coran. Les rois et les princes peuvent à peine marcher sous le poids de tous ces talismans achetés, à grands frais, à des *marabouts* qui vivent grassement aux dépens de leurs dupes, dont ils se moquent souvent, *inter pocula*. — A propos de rois et de princes je dois vous dire qu'il y en a une assez grande quantité au Sénégal. La fortune ne leur est pas toujours favorable, et tel qui est prince de naissance devient parfaitement marmiton au service des blancs. J'en ai un exemple frappant sous les yeux. Le domestique du commandant est fils de roi et héritier présomptif de la couronne. Par suite de relations continuelles avec les blancs, il a fini par se dégoûter du couscous paternel, de la case en paille, et il préfère maintenant être le dernier chez nous que le premier chez les noirs.

D'un prince noir, on peut, sans transition trop brusque, passer aux animaux plus ou moins sauvages. Si je vous fais cette observation, c'est que je me sens tiré pas le bas du pantalon et que Saïd vient m'avertir d'aller déjeûner. Saïd est du plus beau jaune d'or, sa queue se balance gracieusement dans l'air, et lorsqu'il ouvre la gueule, on y aperçoit une respectable rangée de dents blanches et pointues comme l'aiguille.

Nous reconnaissons tous un excellent caractère à ce charmant petit lion de huit mois, mais, malgré ses heureuses dispositions, je pense bien que le commandant lui fera cadeau d'une cage un peu solide avant la fin de l'année.

Pour le moment, Saïd vit dans la meilleure intelligence avec deux singes et une tortue, et il paraît avoir complétement oublié ses frères, qui habitent cependant bien près de lui. Le soir, il peut entendre comme nous le concert magnifique que les lions, les panthères, les chacals, etc., nous donnent sur la rive droite du fleuve qui, lui aussi, ne manque pas d'habitants peu fréquentables.

Le caïman, ce requin des eaux douces, y règne en souverain et jette la terreur parmi les poissons de mœurs plus pacifiques. A terre, le caïman s'enfuit à l'approche de l'homme, mais dans l'eau il a une trop grande tendance à s'en rapprocher. Les noirs paraissent s'inquiéter fort peu de sa présence et se baignent journellement dans le fleuve. Quelquefois cependant notre terrible voisin se fâche et va déjeûner de l'un d'eux sur un bon lit de roseaux, où il se régale lentement avec chacun de ses membres.

Le docteur m'appelle pour me faire prendre du sulfate de quinine, je lui obéis et vous dis adieu.

Podor (Novembre 1864).

J'ai dû laisser passer le dernier courrier sans vous donner de mes nouvelles : au Sénégal, l'homme propose et la fièvre dispose. Je suis resté couché pendant trois semaines, brisé par une fièvre opiniâtre qui a résisté pendant huit jours aux plus fortes doses de quinine. Aujourd'hui je me lève pour la première fois, je fais quelques pas dans ma chambre avec un bâton destiné à soutenir mes pauvres jambes amaigries, et je cherche à remettre un peu d'ordre dans mon cerveau.

Quoique bien éprouvé par la maladie, je dois m'estimer heureux en jetant les yeux autour de moi, car j'aperçois, comme point saillant du paysage, le cimetière du poste, magnifique *jardin d'acclimatation*, où reposent en paix tous les malheureux que le climat a dévorés.

J'ai été traité avec des soins infinis par le chirurgien du poste. Aucune fatigue n'a pu l'arrêter, et, jour et nuit, lorsqu'il y a eu péril en la demeure, il a veillé à mon chevet. Maintenant que ses malades sont guéris, il est tombé lui-même exténué, brisé par son travail et par ses inquiétudes de chaque instant. Que de fois, en l'aidant dans les moments critiques, suis-je resté en admiration devant son dévouement, son sang-froid et son courage !

En France, le médecin a certes aussi ses fatigues et ses angoisses, mais la maladie arrive généralement à pas lents et il a le temps de l'étudier et de préparer ses armes pour la vaincre.

Ici, tout est changé, le malade tombe comme foudroyé, et c'est à l'instant même, sans perdre une minute, qu'il faut commencer la lutte. Notre ennemi le plus redoutable est *l'accès pernicieux*. Il pardonne une fois sur cent et enlève presque toujours le malade en moins de deux heures. Le sulfate de quinine est le seul remède connu contre ce terrible fléau, et généralement le malade pris de délire et de convulsions le rejette dans des flots d'écume.

. . . .

J'ai dû déposer la plume pendant quelques jours sur l'ordre qui m'interdit tout travail de tête ; je la reprends aujourd'hui que ma santé est à peu près rétablie.

Les noirs des villages voisins ont, comme nous, payé un large tribut à la mauvaise saison. Nous venons d'enterrer le commissaire de police de Podor. Ancien tirailleur, criblé de blessures, il était décoré de la médaille militaire. Tout le détachement assistait à ses funérailles. Nous nous rendîmes, le docteur et moi, à la case où le corps était exposé depuis trois jours.

A notre arrivée, qui fut le signal du départ, toutes les femmes se mirent à pousser de longs gémissements et firent retentir l'air de leurs cris aigus. Six tirailleurs, anciens frères d'armes du défunt, le placèrent sur un brancard recouvert d'un drapeau tricolore et élevèrent sur leurs épaules le lugubre fardeau. Un marabout marchait à leur hauteur, en récitant des versets du Coran, que les assistants répétaient d'une voix lente et triste. Tout-à-coup, les porteurs s'arrêtèrent et déposèrent le corps, en donnant les signes de la plus grande frayeur. Les noirs poussèrent des cris terribles en s'agitant autour du cadavre et en frappant dans leurs mains. Mon étonnement était au comble. Je regardais, sans y rien comprendre, cette scène étrange et lugubre. J'apercevais le mort roide sous les plis de son pagne et le marabout qui se livrait sur lui à une sorte d'exorcisme. Le cortége se remit bientôt en marche et la même scène, toujours aussi inexplicable pour moi, recommença à quelques pas de la fosse qui attendait béante la proie qu'elle devait engloutir à jamais.

Pendant les dernières cérémonies, je pus obtenir quelques renseignements sur les faits bizarres dont je venais d'être témoin. La tradition fait croire aux noirs que le mauvais esprit guette le mort sur la route fatale, et sous l'influence de cette superstition, ils prétendent sentir le cadavre tressaillir sous les attaques de son ennemi invisible. C'est alors qu'ils s'arrêtent et associent leurs cris aux prières du marabout pour mettre en fuite l'esprit du mal. Le calme le plus profond régnait maintenant et j'assistai à une scène de douleur que je n'oublierai jamais. La femme du défunt s'était approchée pour lui dire un dernier adieu. Penchée sur son corps glacé, elle le couvrait de baisers et de larmes. Les enfants s'avancèrent ensuite pour donner à leur père les mêmes marques de tendresse et de regrets. Tous, sous le coup d'une émotion bien naturelle, avaient accompli ce pieux devoir; le dernier seul, petit garçon de cinq à six ans, poussait des cris de terreur et voulait s'enfuir, mais le cercle étroit des assistants l'entourait et le repoussait dans les bras de sa mère qui le porta frémissant sur la dépouille inerte et rigide où il perdit connaissance. Après avoir jeté à la hâte un peu de terre sur le cadavre qu'on venait de descendre dans la tombe, nous rentrâmes au poste, les yeux mouillés de larmes et le cœur plein pour longtemps de lugubres souvenirs.

Souhaitons au mort un accueil miséricordieux dans les régions célestes et occupons-nous des vivants.

Le commandant vient de partir pour St-Louis, en congé de convalescence. J'ai dû prendre le commandement du poste et me mettre rapidement au courant des affaires du pays. Chaque jour, les chefs voisins viennent me rendre une visite obligatoire, et me donnent des renseignements de toute nature que je vérifie et transmets, quand il y a lieu, au gouverneur du Sénégal. Tous les matins, de huit à dix heures, je m'occupe de pauvres diables, accusés de vol ou de tout autre délit. Le jugement n'est jamais bien long à prononcer, et la punition varie de 25 à 50 coups de corde. Cette correction, la seule appréciée dans le pays, n'est point rare, le vol étant cultivé avec beaucoup d'entrain par tous les noirs. Ces gens-là n'ont pas une idée bien nette des droits de la propriété. Le fait suivant vous prouvera que je ne les calomnie pas.

Dernièrement, je m'aperçus qu'il manquait dix francs dans ma caisse. J'appelai aussitôt mon petit domestique :

— C'est toi, lui dis-je, qui as pris l'argent dans ma chambre ?

— Oui, répondit-il, sans hésiter.

Je le menaçai d'une correction exemplaire, en le traitant de voleur.

— Moi, pas voleur, me dit-il très-tranquillement, moi pas avoir volé toi, moi prendre argent, mais moi dire à toi, si toi demander. Si moi vouloir voler, moi pas dire à toi.

En faveur du côté pittoresque de ce raisonnement, je lui fis grâce, en me privant, toutefois, pour l'avenir, d'un serviteur aussi amoureux de ma caisse.

Les noirs, en général, entendent prononcer leur sentence avec la plus superbe indifférence. Mon prédécesseur fut obligé de condamner à mort un indigène qui alla se faire fusiller en chantant. Les

Sénégalais sont presque tous mahométans et croient fermement entrer au paradis quand ils sont tués par les blancs. Cette illusion explique leur profond dédain, leur joie, même, à l'approche de la mort. Outre le fanatisme religieux qui les soutient, l'absence de toute sensibilité nerveuse leur fait supporter, sans sourciller, les plus terribles épreuves... Bon ! mes papiers s'envolent, mes chaises dansent une sarabande diabolique ; tout ce qui ne pèse pas dix kilogrammes se met à courir dans ma chambre, et je suis, moi-même, aveuglé par un nuage de poussière qui entre par mes fenêtres. Je m'empresse de fermer et de rétablir un peu d'ordre dans mon modeste asile. Tout ce désarroi est produit par une *tornade*.

Ce phénomène météorologique n'a guère lieu qu'au Sénégal. Au sein du plus grand calme, le vent se met à souffler subitement avec une telle violence qu'il déracine les arbres et fait trembler les maisons. Malheur aux marins qui sont surpris par ce vent redoutable ! Leur navire tourne sur lui-même et s'engloutit avant qu'on ait pu songer à carguer les voiles. La *tornade* souffle avec fureur dans toutes les directions et dure pendant des heures entières. Quand elle rencontre sur sa route les sables du désert, elle soulève des montagnes de poussière ; l'air en est obscurci et la lumière du jour disparaît comme dans une éclipse. Malgré les désordres qu'elle produit, nous acclamons son arrivée, car elle remplit nos poumons, avides d'air et nous rend à la vie pour quelques heures.

Je profite d'un peu d'appétit que l'ouragan vient de m'apporter, et je vous quitte pour essayer de dîner avec mon camarade le docteur.

Podor (Décembre 1864).

J'ai déjà eu plusieurs fois l'occasion de vous parler de notre chirurgien, que vous connaissez au point de vue médical, mais vous ignorez qu'il est aussi jovial qu'instruit et dévoué. Une petite anecdote vous le fera mieux connaître qu'une longue biographie. J'entre de suite en matière.

Je venais d'être désigné pour commander le détachement militaire du poste de Podor. Il n'y avait aucun aviso de l'Etat en partance pour le haut du fleuve et je reçus, en conséquence, l'ordre de prendre passage sur la goëlette *la Fantasque*, petit bateau de commerce, commandée par le capitaine au long cours, Verduret.

Marseillais à tous crins, ce dernier me reçut à son bord avec la dignité d'un amiral et me quitta aussitôt pour faire lever l'ancre. Voulant sans doute, se montrer à moi dans toute la splendeur du commandement, il fit un tapage à réveiller les sénateurs sommeillant au Luxembourg et envoya, comme adieux à Saint-Louis, une terrible bordée de *bagasse* et de *tron-de-l'air*. Il voulut bien, cependant, oublier qu'il était roi à son bord et m'honorer, quoique simple mortel, d'une conversation qui m'apprit bien vite; qu'il était aussi creux que sonore.

Après avoir passé son existence à faire de la petite navigation sur les côtes de France, maître Verduret avait obtenu d'un armateur, plus confiant que sage, la direction de *la Fantasque*, dont il devait bourrer les flancs de produits sénégalais de toute nature. Il était arrivé à la colonie à la remorque d'un gros brick de commerce et devait rentrer à Marseille dans les mêmes conditions. Un mousse de 4e classe eût parfaitement rempli sa mission, et je dus, néanmoins, entendre le récit héroïque d'une traversée qu'auraient enviée les Dumont-Durville et les Cook. Avec tous les dehors d'un vieux loup de mer, le capitaine Verduret était loin d'être aussi intrépide dans ses actes que dans ses discours, et je reconnus bientôt qu'un mystificateur, de première force, lui avait fait du Sénégal une peinture aussi terrible qu'extravagante. Il ne me cacha point que c'était pour couronner dignement sa carrière maritime et pour compléter ce qu'il appelait son magot, qu'il s'était décidé à affronter les dangers d'un pareil voyage. Largement payé par l'Etat pour me nourrir pendant la traversée, il sut m'astreindre à un régime tout spartiate, et je connus le premier l'application de ses vues économiques.

Cependant, tout allait bien à bord, la goëlette filait vent arrière par une jolie brise, sous la direction d'un pilote noir chargé de nous faire éviter les dangers du fleuve. Déjà, depuis quelque temps, notre capitaine ne sacrait plus et laissait en oubli sa magnifique provision de jurons provençaux. Un tel calme ne pouvait durer davantage : une altercation violente entre le pilote et son chef me fit connaître que l'irascible Verduret avait repris le commandement de *la Fantasque*, qui ne tarda pas à mériter son nom.

Tantôt notre pauvre petit bateau bondissait sur les bancs de sable comme une chèvre sur les rochers, tantôt il avançait curieusement son beaupré au-dessus des bœufs qui broutaient le maigre paturage des rives du fleuve. Le pilote, secouant la tête avec le calme qui n'abandonne jamais les noirs, murmurait de sinistres prédictions, et, profitant finalement d'une pointe que nous fîmes dans les terres, il s'enfuit, accablé d'un million de malédictions, généreusement octroyées par notre commandant. Après avoir été secoué de longues heures, comme dans une vieille guimbarde, nous finîmes par apercevoir le poste de Podor, dont l'éblouissante blancheur se détachait à l'horizon. Le commandant et le chirurgien m'attendaient sur le quai et m'emmenèrent aussitôt avec eux, après avoir invité le capitaine Verduret à dîner avec nous, à six heures précises.

Entre officiers destinés à vivre sous le même toît, loin de la patrie, la connaissance se fait rapidement. La conversation, entre le chirurgien et moi, roula tout naturellement sur les péripéties comiques de ma traversée. Il n'en fallait pas tant pour mettre en gaieté mon nouveau camarade, et je m'aperçus bientôt qu'il était décidé à se réjouir aux dépens de maître Verduret, regardé comme de bonne prise, sous une pareille latitude.

Notre hôte ne tarda pas à arriver, il avait dû certainement entendre parler de l'hospitalité coloniale et il paraissait disposé à en profiter dans les limites du possible. La présentation faite, notre docteur s'empara du capitaine, lui parla marine, lui découvrit de nouveaux horizons sur la fabrication du goudron et acheva de l'éblouir par une conversation aux allures scientifiques, pailletée d'adjectifs ronflants et d'aphorismes monstrueux.

Nous étions à table depuis quelque temps et la grosse figure barbue, tannée et ridée, de notre convive, commençait à s'illuminer sous l'influence d'un bon vin vieux, lorsque le docteur commença l'attaque.

LE DOCTEUR. — Eh bien ! capitaine Verduret, que pensez-vous de ce charmant pays, où les œufs cuisent dans le sable, où les alouettes tomberaient toutes rôties, si le bon Dieu n'avait oublié d'en semer quelques douzaines dans ces parages fortunés ?

LE CAPITAINE. — Eh ! eh ! docteur, je ne suis pas aussi enchanté que vous de votre Sénégal. Je ne le connais pas encore beaucoup, mais ce que j'en ai vu me réjouit fort peu. Ah ! tron-de-l'air, cela ne ressemble guère à notre Cannebière que je commence à regretter. Quel pays ! du sable, rien que du sable ! Pas un arbre à vingt lieues à la ronde ! A propos d'arbres, figurez-vous que j'ai eu mille peines à trouver un méchant bout de bois pour amarrer ma *Fantasque.*

— Ai-je bien entendu, capitaine Verduret ! Vous avez, dites-vous, amarré votre goëlette bōrd à quai ! Vos aventures ne sauraient plus m'étonner : vous courez après les loups et vous paraissez surpris de les rencontrer.

— Comment cela, docteur !

— Vous ignorez, sans doute, que les serpents sont aussi nombreux ici que les belles filles sur votre Cannebière. Vous ne savez donc pas qu'ils prendront vos amarres pour grandes routes toutes tracées et qu'ils profiteront d'une nuit sombre, pour s'élancer à votre bord.

— Vous voulez rire, docteur.

— Pardon, capitaine, je ne suis pas ennemi d'une douce gaieté ; mais je ne plaisante jamais quand la vie d'un homme est en jeu.

— Mais c'est donc sérieux ce que vous me dites là, docteur?

— L'expérience est une belle chose, cher monsieur Verduret. Si vous voulez apprendre à vos dépens, selon la vieille habitude humaine, laissez votre bateau où il est, et demain vous en saurez autant que moi. — Vraiment, je ne vous comprends pas ! que vous vous moquiez du danger vous, un vieux loup de mer (nous savons s'il l'était, le pauvre homme), c'est votre affaire, et madame Verduret pourra s'en consoler ; mais il ne vous est point permis d'exposer ainsi les braves gens que vous avez l'honneur de commander. Croyez-moi, allez mouiller au large et vous vous moquerez des serpents avec autant de facilité que je bois ce verre de vin à votre santé.

— Ma foi, docteur, vous m'avez converti et

soyez certain que demain matin la manœuvre sera exécutée, ou que j'y perde mon nom de Verduret, bagasse !

Nous avions saisi depuis longtemps l'intention du docteur et nous appuyions ses conclusions de fréquents signes de tête et d'exclamations approbatives. La conversation devint générale pendant quelques instants, mais nous constations une certaine inquiétude chez le capitaine qui, après une assez longue hésitation, finit par demander si le serpent de Podor était réellement très-dangereux.

— Le serpent de Podor dangereux ! s'exclama le docteur, mais c'est le plus terrible de tous les reptiles connus ! Que Dieu, maître Verduret, vous préserve à jamais de notre serpent cracheur !

— Le serpent cracheur ! s'écria le capitaine visiblement ému, c'est la première fois que j'en entends parler.

— Il est en effet, peu répandu à Marseille et très-rare sur cette place, mais si vous voulez connaître sa manière d'opérer, je vous montrerai deux noirs dont les yeux, atteints par le venin d'un serpent cracheur, sont aujourd'hui, à peu près perdus. Vous voyez à cinquante mètres d'ici cette hutte en paille si vivement éclairée par la lune, eh bien ! c'est de là qu'il s'est élancé sur les deux malheureux, s'est dressé devant eux et leur a jeté à la face une bave sanguinolente dont les effets sont si terribles.

— Joli pays, par ma foi ! Et je vous plains bien sincèrement d'être condamné à l'habiter pendant toute une année.

— Mon cher monsieur Verduret, quand on n'a pas ce qu'on veut, il faut se contenter de ce qu'on a. Vous connaissez sans doute ce proverbe qui, bien appliqué par nos archi-grands parents Adam et Ève, eût singulièrement changé les affaires de ce pauvre monde. Nous avons le serpent cracheur, ce n'est que trop certain, mais un homme prévenu en vaut deux, s'il faut en croire la sagesse des nations, et avec ce petit instrument, je défie tous les serpents cracheurs de la création.

En disant ces mots, le docteur sortit de sa poche de magnifiques besicles, à verres bleus, larges comme la paume de la main, et, les plaçant sur le bout de son nez, il répéta plusieurs fois avec un air de défi : Avec cela je m'en moque, oui, je m'en moque.

Maître Verduret ne mangeait plus, son verre était plein et tout annonçait chez lui une préoccupation des plus vives. On lisait dans son regard le désir immodéré de posséder ces lunettes, ce bouclier, ce para-serpent cracheur, comme les appelait notre facétieux camarade. Ce dernier, se levant de table, remit gravement au capitaine l'objet de sa convoitise. Je vous fais grâce des « pardon, je ne veux pas vous en priver, etc., etc. » qui suivirent cette donation entre-vifs.

Le docteur était rayonnant, et sa joie intérieure perçait à travers sa figure pleine de malice, lorsqu'il aperçut, comme nous, derrière les grandes besicles, les yeux clignotants de Verduret, que le sommeil gagnait à la suite des nombreux verres de vin que nous avions poussés devant lui, comme une artillerie formidable destinée à appuyer les attaques, un peu téméraires, de son implacable mystificateur.

La soirée s'avançait, la conversation devenait languissante et l'heure de la séparation approchait à grands pas. Notre hôte parlait de nous quitter, mais on n'échappait pas ainsi au chirurgien de Podor, qui décida assez facilement le capitaine de la *Fantasque* à passer la nuit à terre. La tête vacillante de maître Verduret ne demandait, d'ailleurs, qu'à tomber sur un traversin quelconque, aussi se glissa-t-il en un clin d'œil dans l'un des deux petits lits que le docteur avait fait préparer pour nous.

Cependant, ce dernier avait allumé sa vieille pipe en bois représentant une tête de mort et je le voyais, avec un certain étonnement, frapper avec sa canne sous la table, sous les chaises, dans tous les coins de la chambre et enfin sous le lit occupé par notre dormeur.

— Vous ne vous couchez donc pas, s'écria celui-ci, se redressant subitement, à l'instar de ces diables renfermés dans les jouets d'enfant. Que faites-vous donc avec ce bâton ?

— Tiens, je vous croyais endormi et rêvant à votre Cannebière ! Vous me demandez ce que je fais ? ma chasse quotidienne, tout simplement.

— Quelle chasse, tron-de-l'air ?

— La chasse aux scorpions, parbleu ! Croyez-vous qu'il soit bien agréable de se réveiller avec ce petit animal sur la poitrine. Allons bon ! en voici un que je vais mettre poliment à la porte avec tous les égards qui lui sont dûs. Vous voyez que la précaution n'était pas inutile. Bonsoir, mylady Verdurette, et que Morphée vous soit propice.

Je ne sais si les vœux du docteur se réalisèrent, mais ce qu'il y a de bien positif, c'est que le matin, le lit du marseillais était vide. Le Verduret avait disparu. Les terribles histoires du docteur l'avaient-elles poussé à s'enfuir au plus vite d'un endroit aussi pernicieux ? Avait-il reconnu, dans le calme et le silence de la nuit, qu'il était la victime d'une mystification à outrance ? Mystère, mystère insondable, car à peine levés, nous aperçûmes au loin, bien loin déjà, la voile blanche de la *Fantasque*, emportant maître Verduret vers des rives plus fortunées.

Podor (Janvier 1865).

Vous me demandez, dans une de vos dernières lettres, comment nous parvenons à nous faire comprendre de nos soldats noirs. Nous avions deux moyens d'y arriver : apprendre nous-même l'Iolof ou forcer les indigènes à apprendre le français. L'hésitation ne fut pas longue, comme bien vous le pensez, et le second procédé fut adopté à l'unamité la plus touchante. Il nous a fallu d'ailleurs peu d'efforts pour arriver à notre but, les noirs ayant un peu le don des langues. Six semaines après leur incorporation au bataillon, nos tirailleurs connaissent assez de français pour les besoins du service et nous en comptons un grand nombre capables de soutenir une longue conversation avec nous. Un tel résultat aurait été bien difficile à atteindre s'ils avaient eu pour les langues étrangères la même répulsion que tout bon français croit devoir afficher pour elles, sous les dehors d'un patriotisme exclusif.

En remontant de quelques années dans mon passé, je revois encore la modeste classe où, chaque semaine, nous étions censés nous fortifier dans l'étude de l'allemand. Que d'heures employées, sous ce respectable prétexte, à fabriquer des cocottes en papier ou à dévorer des romans, aux allures par trop françaises quelquefois! Et comme notre bon professeur, reconnaissant l'inutilité de ses efforts, nous laissait sommeiller paisiblement sur nos bancs durs et étroits.

J'ai eu au lycée de*** pour professeur d'allemand, un Polonais réfugié en France à la suite de la terrible insurrection de 1831. Nous lui laissions faire sa classe pendant une heure, puis nous l'amenions adroitement à nous raconter ses campagnes contre les Russes. Le vieux brave se faisait bien un peu prier pour commencer, mais une fois en train, quelle épopée! Quels grands coups de sabre sur ces coquins de Cosaques! Quels combats terribles dont le récit nous suspendait à ses lèvres bien mieux que les plus belles poésies de Gœthe et de Klopstock! — Surexcité par ses souvenirs toujours jeunes et vivaces, le héros polonais, dans les grands jours d'exaltation, nous montrait une large cicatrice qui ornait son avant-bras, en lui rappelant un magnifique coup de sabre d'un cavalier russe. Je voyais le moment où, futurs soldats, nous serions tous partis sous ses ordres à la conquête de Moscou. Ne pouvant faire éclore en nous l'amour de l'allemand, il nous préparait à aimer notre patrie en parlant de sa malheureuse Pologne, avec des larmes dans les yeux et dans la voix.

A Saint-Cyr, notre travail ne valait guère mieux que celui du collége. Les classes d'allemand étaient pour nous de véritables fêtes pendant lesquelles l'esprit et le corps se reposaient à l'envi. Placé sur un des bancs les plus élevés de notre amphithéâtre, je me rappelle avoir aperçu, par moment, un habit noir s'agitant autour d'une table, mais je jure mes grands dieux que mes oreilles ne purent jamais recueillir un seul mot de cette langue barbare. Il est certain, néanmoins, que notre professeur, auteur d'un gros dictionnaire dont je ne peux apprécier que l'épaisseur, remplissait consciencieusement ses pénibles fonctions, mais son faible organe ne parvenait guère à percer le bourdonnemeut des conversations particulières.

Les fantassins, il est vrai, narraient entre eux les douleurs de l'*astique*, les terribles brimades de la cour Wagram, pendant que les cavaliers, parlant sport et turf comme le major Fridolin, s'échangeaient, par-dessus nos têtes, des quarts de *Gladiateur* contre des moitiés de *Fille-de-l'Air*.

Généralement, en sortant de l'école, nous étions beaucoup moins forts en allemand qu'en y entrant. A qui la faute, à nous sans doute et peut-être bien aussi à ceux qui eussent pu se montrer plus exigeants aux examens de sortie.

Un souvenir en appelle un autre, c'est le dernier que je tolère, car si je m'écoutais, je vous écrirais un volume sur mes deux années de Saint-Cyr. Je ne veux pas quitter l'amphithéâtre où j'eus l'honneur et le plaisir d'écouter les Lavallée et les Dussieux, sans vous raconter l'agréable surprise que nous causa l'entrée imprévue d'un de nos plus célèbres généraux, dans cette vaste enceinte où 250 élèves de la même promotion, se trouvaient alors réunis.

C'était pendant un cours de fortification, le professeur traçait sous nos yeux les premières parallèles qui devaient faire tomber les murailles de Sébastopol, malgré le génie de leur jeune défenseur, le général Totleben. Déjà les gabions s'amoncelaient en rangs serrés, les tranchées se creusaient rapidement sous la pioche du soldat, les batteries elles-mêmes commençaient à faire gronder leurs voix sinistres et brutales, lorsque la petite porte, réservée aux professeurs, s'ouvrit tout-à-coup et nous vîmes apparaître le général Trochu. Après avoir salué gracieusement ceux qui étaient assis sur les mêmes bancs où il avait eu sa place quelque trente ans avant nous, le général invita le professeur à continuer son cours, sans s'inquiéter de sa présence. Nous nous préparions à monter, par la pensée, à l'assaut de la tour Malakoff, lorsque notre inspecteur se leva et demanda la parole pour nous donner quelques détails inédits, sur ce siége mémorable.

Celui que nous regardions alors comme une des divinités de l'Olympe militaire, nous tînt pendant une heure sous le charme de son éloquence et de son esprit. Le fait qu'il nous raconta nous était complétement inconnu et vous l'ignorez sans doute aussi. En voici le résumé succinct et rapide.

La guerre de Crimée venait d'être déclarée, le général Saint-Arnault avait remporté la brillante victoire de l'Alma qui ouvrit si glorieusement notre terrible campagne contre les Russes. Il fallait profiter de ce coup de tonnerre qui avait jeté l'épouvante au cœur de l'ennemi. Un nouveau général en chef avait succédé à l'illustre maréchal dont la mort fut si cruelle pour nos armes : un conseil de guerre, présidé par l'intrépide Canrobert, fut appelé à prendre une décision immédiate dans cette question suprême. Toutes les voix furent unanimes pour entreprendre le siége de Sébastopol, une seule s'éleva contre l'opinion générale. C'était celle de Trochu qui, après une reconnaissance rapide des abords de la place, avait découvert un point faible par lequel il s'offrait de pénétrer dans la ville, à la tête de sa division. Je perdrai 1,000 à 1,500 hommes, disait-il, mais le chemin sera ouvert, toute l'armée nous suivra et Sébastopol tombera entre nos mains.

On se regarda, le plan était simple comme tout ce qui a chance de réussir; déjà plusieurs officiers se ralliaient à leur jeune collègue, lorsque le génie prit la parole. Depuis le siége d'Anvers, jamais plus belle occasion ne s'était présentée pour mettre en pratique ses belles théories consignées dans de gros volumes in-4°, et il n'était pas d'avis de la laisser échapper. Sacrifier 1,500 hommes, s'écriait-il avec une douloureuse indignation, mais c'est horrible! Avec de bonnes petites tranchées, de longues parallèles et une jolie collection de gabions, je vous prendrai Sébastopol, dans les règles voulues, à tel mois, tel jour, telle heure que je vous désignerai d'avance. — Au conseil, les armes savantes dominent facilement, Trochu se défendit en vain et son avis fut rejeté.

Les 1,500 hommes qu'il devait sacrifier furent sauvés et le siége ne coûta guère plus de 100,000 hommes et deux ans de fatigues et de cruelles angoisses.

La Crimée est si loin du Sénégal que je suis vraiment bien embarrassé pour faire une rentrée convenable dans la patrie des noirs : je fais appel à toute votre indulgence et j'aborde, sans plus de retard, une petite étude de mœurs sénégalaises.

Les habitants du Sénégal se divisent en deux races bien distinctes et par leur couleur et par leur genre de vie. Les uns, connus sous le nom d'Iolofs, brillent du plus beau noir : c'est de l'ébène vivante. Leurs cheveux sont courts et crépus et leur figure est sillonnée de grandes lignes formant les dessins les plus bizarres. Fixés dans des villages bâtis sur les rives du fleuve, ils vivent de chasse, de pêche et de culture. Celle-ci est restée chez eux à l'état primitif : la charrue, la herse et tous nos instruments aratoires les plus simples leur sont complétement inconnus.

La deuxième race se compose d'hommes d'une couleur moins foncée et tirant sur le rouge brun. Leurs cheveux plats et longs sont partagés en petites tresses soigneusement enduites de beurre ou de graisse. Nomades et pasteurs, ces noirs s'enfoncent avec leurs troupeaux dans l'intérieur et parcourent en tout sens le Fouta-Dialon, au sein de la plus riante verdure. Leur vie contemplative, l'aspect d'une nature luxuriante adoucit leurs mœurs et les rend d'un commerce facile ; mais, en perdant l'habitude des armes, ils deviennent souvent la proie des tribus ennemies que tente leur riche bétail. C'est alors qu'on les voit accourir, en foule, à Saint-Louis dans l'espoir d'y obtenir un semblant de nourriture. Dans ces moments de détresse, ils acceptent les ouvrages les plus pénibles pour un salaire dérisoire et traînent ainsi une existence problématique jusqu'au jour où rejetés, non pas sur le pavé puisqu'il n'y a que du sable dans le pays, mais dans la rue, ils finissent par y mourir de faim, la tête dans la poussière.

Le noir du Sénégal me paraît cependant avoir droit à un peu plus d'indulgence de la part du Seigneur. Prosterné vers l'Orient, il adore son dieu cinq fois par jour et le remercie avec effusion des bienfaits qu'il daigne lui accorder. Et quel respect pour les morts ! Quelle foi dans un monde meilleur ! Chaque jour, le parent ou l'ami s'approche d'une tombe et demande à ceux qu'il a perdus de prier pour lui dans les sphères célestes.

Dans votre dernière lettre, vous me témoignez une certaine satisfaction des détails que je vous ai donnés sur le pays ; malgré mon désir de vous plaire et de vous procurer quelques distractions, je ne peux cependant puiser toujours à la même source sans finir par la tarir. Mon départ prochain pour le golfe de Guinée me fournira sans doute de nouvelles observations. Tout ce qui m'entoure est si aride, si monotone, que je ne saurais, en vérité, vous en parler de nouveau, sans courir le risque de répéter ce que je vous ai déjà dit dans mes lettres précédentes. Adieu donc jusqu'à mon arrivée à Grand-Bassam.

Au moment de fermer cette lettre, je retrouve, en feuilletant mon album de Saint-Cyr, quelques pages écrites, sous les verrous, dans le *carcere duro* connu, à l'école militaire, sous le nom étrange d'*ours*.

Je vous les envoie dans le but de vous faire connaître les types les plus curieux de mon village et dans l'espoir de vous décider à venir, à mon retour du Sénégal, constater, à Cléty-sous-Bois, la véracité de l'auteur.

Silhouettes Villageoises

M. LE MAIRE

(1862).

J'ai toujours eu la plus grande vénération pour les élus du pouvoir, depuis le ministre galonné sur toutes les coutures, jusqu'à l'humble garde-champêtre, dont le sabre recourbé épouvantait ma jeunesse, aux jours si regrettés de l'école buissonnière.. J'espère qu'on me tiendra compte de cet aveu, s'il m'arrive de brûler un peu d'encens sous les augustes narines de l'homme, dont le ventre rondelet est gracieusement entouré d'une écharpe tricolore.

Tanneur et cultivateur, M. Porcheron, maire de Cléty-sous-Bois, s'occupe de tout, excepté de ses administrés, de ses peaux et de ses terres. Sa haute intelligence dédaigne les mille détails de l'administration qu'il a, d'ailleurs, confiée depuis longtemps à son adjoint, le digne M. Guignet, grand commerçant et plus grand amateur encore de représentation officielle.

Esclave de l'esprit le plus inventif que le ciel ait jamais accordé à une créature humaine, M. Porcheron court, sans cesse, après la solution de problèmes aussi ardus que bizarres. Ses inventions, plus nombreuses que les années qui courbent ses épaules vénérables, sont tellement originales que des esprits frondeurs et jaloux ne craignent pas d'insinuer que la cervelle de M. le maire n'est peut-être pas parfaitement équilibrée. Des Jacobins, seuls, sont capables d'émettre une hypothèse aussi irrévérentieuse.

M. Porcheron ne m'a jamais confondu avec ses vils détracteurs, et il me parle souvent de ses travaux, avec une bonté qui me touche jusqu'aux larmes.

J'osai lui demander, un jour, pourquoi il ne soumettait jamais à l'épreuve de la pratique ses découvertes, si admirables en théorie. Digne et souriant, il me répondit avec son calme habituel et avec une fierté bien légitime : « — Mes calculs sont justes, je ne me trompe jamais ; et, si je laisse à la postérité le soin de réaliser mes idées, c'est que la vie est courte et que je sens, là, ajouta-t-il, en frappant au-dessus de ses lunettes, un trésor dont je veux m'emparer avant la déperdition de mes forces et l'affaiblissement de mes facultés. »

Je laisserai reposer en paix dans leurs grands cartons verts les plans, coupes et élévations des singulières machines créées par l'imagination, si féconde, de M. le maire et je ne lèverai point le voile qui les cache à l'admiration de l'Europe, impatiente de connaître tant de merveilles inédites.

Je ne commettrai qu'une petite indiscrétion en votre faveur, afin de vous faire perdre cette funeste habitude, si commune en France, de douter du talent et de la supériorité des fonctionnaires de l'Etat. M. Porcheron cherche avec acharnement, depuis un grand mois, la solution d'un problème des plus intéressants dont voici l'énoncé succinct :

« Utiliser, au profit de l'industrie, la force déployée par les truites, remontant les eaux courantes. »

Truites, prenez garde, M. le maire vous regarde !

Père de quatre enfants dont le plus jeune est mon filleul chéri, M. Porcheron m'a raconté, dans un jour d'expansion, le principal épisode de son existence si calme et si honorable : Je veux parler de son mariage et des événements qui précédèrent ce grand acte.

« — J'ai gardé, me disait-il, en bourrant ses fosses nasales d'une forte pincée de tabac d'Espagne, j'ai gardé jusqu'à cinquante ans, toute mon innocence. Oui, monsieur ; aussi chaste que notre vénérable curé, je vivais dans la plus grande indifférence à l'égard du sexe charmant, lorsque mon père recueillit chez lui une de ses nièces, pauvre orpheline, victime de l'inconduite de ses parents. Je la regardai longtemps comme une sœur, envoyée par le ciel pour me consoler des rigueurs paternelles ; mais un soir que j'étais assis à côté d'elle, dans la prairie où sautait joyeusement le nombreux troupeau qu'elle surveillait avec tant de grâce, je me surpris à admirer les charmes, si peu voilés, de ma jeune et tendre compagne. Le printemps éveilla en moi des ardeurs perfides et les derniers rayons du soleil couchant éclairèrent mes premières amours.

« Mon père qui, depuis quelque temps, remarquait nos fréquentes absences, s'aperçut bientôt de l'embonpoint croissant de ma cousine et nous accabla de sa colère et de ses malédictions. J'essayai, mais en vain, d'apaiser son courroux en lui racontant les tentations et les embûches du dieu cruel et malin qui avait, sans aucun doute, juré la perte de mon innocence : il fut inflexible et chassa impitoyablement celle qui portait dans son sein la preuve trop convaincante de nos délicieuses stations dans les hautes herbes, où nous aimions à cacher notre affection naissante.

« Ma douleur fut grande, mon cher monsieur, et je versai des larmes bien amères, en songeant aux terribles conséquences de l'unique faute de ma vie. Mon désespoir fut si violent que l'auteur de mes jours, craignant pour ma santé ébranlée, céda à mes prières et pardonna aux deux coupables repentants. Un mois après, je conduisais ma chère Hélène au pied de l'autel, et je lui rendais solennellement l'honneur que je lui avais ravi, dans une heure de délire, dont le souvenir enivrant réchauffe encore ma verte vieillesse. »

Invité dernièrement, par notre sous-préfet, à une grande soirée officielle, le maire de Cléty fit monter, dès l'aube, dans un char-à-bancs de son invention, sa gracieuse épouse et ses trois filles, et consacra toute la journée à visiter les monuments et les curiosités de la ravissante petite ville de St-O***. Un spectacle attrayant réunissait les habitants à la halle aux grains, transformée en théâtre. Une troupe de chiens savants y exécutaient des danses de caractère et jouaient, dans la perfection, un grand drame militaire se terminant par un conseil de guerre, présidé par le plus intelligent des caniches, revêtu d'un brillant uniforme de général de division.

Les salons de la sous-préfecture commençaient déjà à s'illuminer, lorsque Mme Porcheron voulut pénétrer, avec ses enfants, dans l'enceinte pavoisée où les intelligents quadrupèdes étaient applaudis à outrance, par une jeunesse enthousiaste. M. le maire lui fit observer qu'il se faisait déjà bien tard et qu'elle avait à peine le temps de conduire ses enfants chez un de leurs parents, avant de faire son entrée dans le monde officiel, au bras de son mari ; mais la curieuse Hélène résista énergiquement à son époux et lui déclara, sur un ton aigre et inconvenant que, danseurs pour danseurs, elle préférait ceux qui bondissaient sur leurs quatre pattes.

Justement indigné d'un pareil langage, M. Porcheron fut sur le point de maudire le jour où il avait élevé jusqu'à lui sa jeune cousine, au cœur sensible, mais il oublia bientôt l'incartade de sa femme pour se rendre, en toute hâte, à l'hôtel de la sous-préfecture.

Mme la sous-préfète, dernier rejeton de l'illustre famille des Rocca-Bella, dont l'origine se perd dans la nuit des temps, s'avança en souriant et demanda, avec un gracieux empressement, la cause de l'absence de sa chère madame Porcheron.

Agacé par des souliers trop étroits, irrité contre sa femme assez insensée pour préférer la vue des chiens savants à celle des grands personnages qui l'entouraient, le maire de Cléty répondit brusquement : « Madame Porcheron — elle est aux chiens avec ses filles. »

Il ne me reste plus, pour terminer la biographie de M. Porcheron, qu'à vous faire connaître les tribulations politiques du phénix des fonctionnaires français.

Admirateur passionné de Louis-Philippe, notre maire proclama la République avec un enthousiasme indescriptible. Le jour où la chute d'un roi à qui la France doit sa prospérité actuelle, parvint à Cléty-sous-Bois, la population fut convoquée, à son de trompe, pour entendre la lecture des nombreuses proclamations du gouvernement provisoire.

L'épée au côté, le casque solidement enfoncé

sur sa tête couverte de longs cheveux roux, la poitrine cuirassée d'un épais plastron de velours noir, légèrement rougi par le temps, le capitaine des sapeurs-pompiers fit exécuter un long roulement de tambours pendant que M. le maire se disposait à afficher, d'une manière éclatante, son dévouement, de fraîche date, à la jeune République.

Après un superbe discours qui n'épargnait guère le tyran déchu, M. Porcheron se préparait à acclamer le pouvoir naissant, lorsqu'une voix, mâle et sonore, lança à l'écho trop fidèle un cri de « Vive l'Empereur! » tellement accentué que l'orateur, complétement troublé par ce vivat intempestif, répéta « Vive l'Empereur! » avec tant d'énergie, que l'arbre de la liberté en tressaillit sur ses faibles racines.

J'ai su depuis que le brigadier de gendarmerie, qui *saisit toujours, mais comprend rarement*, avait été la cause involontaire d'un tel scandale. Il a noblement racheté son erreur en poursuivant, sans pitié, les partisans trop modérés du régime républicain. Il lui a été beaucoup pardonné, car il a beaucoup *empoigné*.

Le 2 Décembre est venu rappeler à M. le maire qu'il avait eu l'honneur d'être poursuivi comme réfractaire en 1814. La médaille de Ste-

Hélène ne saurait récompenser de si brillants services et M. Porcheron attend sa nomination de chevalier, avec une impatience bien légitime.

L'ADJOINT

Gros, gras, luisant, le teint vermeil, la bouche en cœur, les yeux brillants comme ceux d'un collégien, en extase devant la fille de son correspondant, tel nous apparaît, derrière son comptoir, surchargé de produits coloniaux, M. Jarnance Guignet, dont le nom brille en lettres dorées, hautes d'un pied, sur la porte vitrée du plus beau magasin d'épicerie de Cléty.

Ami intime de M. le maire, estimé de tous les habitants, pour sa belle conduite pendant l'épidémie de choléra qui a décimé le village, notre adjoint, à la mine si réjouie, devrait se considérer comme le plus heureux des mortels.

Hélas! l'Envie, la cruelle envie, au regard louche et haineux, lui a montré de sa main crispée la somptueuse demeure de notre tabellion et depuis, tout en conservant les apparences d'une vie joyeuse et facile, notre épicier est tourmenté par l'idée fixe de nous faire croire à l'irruption du Pactole dans sa boutique multicolore.

Le petit dialogue suivant remplacera avantageusement une plus longue biographie. Voici, d'abord, le nom des acteurs dans la petite scène que j'ai prise sur le vif, dans la cour de l'auberge du *Cheval blanc* :

Me DURET, notaire. — JARNANCE GUIGNET, déjà nommé. — SAVARIOT, aubergiste, voiturier, faisant tous les jeudis le service de Cléty-sous-Bois à Paris. — Quelques paysans, formant galerie, apportent leurs denrées pour les expédier aux Halles centrales.

LE NOTAIRE, *remuant la tête d'un mouvement continu, comme un hanneton prêt à s'envoler.* — « J'avais grand peur, père Savariot, de manquer le départ de la voiture et c'eût été, par ma foi, chose des plus fâcheuses, car j'attends demain mon ami Poncet, avoué à Belleville, et je veux qu'il se souvienne de son voyage à Cléty-sous-Bois.

« Voici la liste des objets réclamés par Mme Duret ; vous rapporterez en outre une bourriche d'huîtres, et vous avancerez jusqu'à la gare d'Orléans pour y prendre une barrique de bordeaux dont l'envoi m'est annoncé depuis plus de huit jours.

SAVARIOT. « — C'est entendu, Me Duret, vous pouvez compter sur moi.

« — Salut, monsieur Guignet, faut-il pas vous rapporter, par la même occasion, une centaine d'huîtres ?

L'Epicier *retirant de la poche de son gilet une poignée de pièces d'or et d'argent.* « — Des huîtres, toujours des huîtres! mais j'en suis las, j'en suis écœuré de vos huîtres... Tenez, père Savariot, voici 25 francs, vous m'achèterez, à la Halle, une belle langouste et une forte tranche de saumon. Vous passerez ensuite chez mon marchand de vins, boulevard du Temple, 115, et vous lui direz de m'envoyer, le plus tôt possible, deux barriques de Saint-Emilion. Recommandez-lui bien, de ma part, de hâter son envoi, car depuis quelques jours j'en suis réduit à boire du bordeaux à mon ordinaire, et je suis fatigué d'absorber pareille piquette à mes repas. »

J'avais connu intimement le prédécesseur de M. Guignet et je savais, à cent francs près, le revenu du glorieux épicier. Je me retirais en calculant, en moi-même, la brèche que la vanité allait faire dans le pécule de mon voisin, lorsqu'en longeant le jardin du voiturier, j'aperçus l'amateur de Saint-Emilion, tournant autour de la patache du père Savariot et caressant *la Grise* que ce dernier poussait dans les brancards, à grand renfort de jurons et de malédictions.

Quelques mots d'une conversation rapide et animée parvinrent jusqu'à mes oreilles et m'apprirent, qu'après mûre réflexion et vu l'absence de tout auditeur, langouste et saumon seraient remplacés par une paire de soles et qu'on donnerait ultérieurement de nouveaux ordres pour l'envoi du Saint-Emilion.

M. LE CURÉ

Ami du riche, frère du pauvre, notre vénérable curé est chéri de tous ses paroissiens. Aussi bon patriote que fervent catholique, il est toujours resté fidèle à cette fière devise « Dieu et patrie » qui devrait réunir tous les Français sous le même drapeau, pour maintenir la France au premier rang des nations civilisées.

Ses sermons sont moins brillants, sans doute, que ceux de notre évêque, mais ils apprennent à nos paysans, sans bruit et sans éclat, à s'incliner avec reconnaissance devant l'Eternel et à aimer la patrie, la famille et l'humanité. Plus charitable qu'éloquent, il donne beaucoup, parle peu et prêche surtout..... d'exemple.

LE MÉDECIN

Le docteur Taillant, ancien chirurgien de l'armée, traite ses clients avec la fougue d'un capitaine enlevant une batterie, sous les yeux du général en chef.

La lancette, le bistouri et les purgatifs les plus violents sont ses armes favorites contre la maladie, qu'il fait, bien souvent, disparaître avec le malade.

Quelques succès éclatants lui ont donné la plus grande confiance dans ses talents, et, loin de plaindre ses victimes, il s'écrie volontiers, en parlant de ceux qui reposent, pour l'éternité, à l'ombre du vieux presbytère : « Je les ai guéris, tant pis pour eux s'ils ont été assez sots pour se laisser mourir. »

LE NOTAIRE

Marié avec une femme jeune et charmante, le notaire serait le plus heureux des hommes, s'il pouvait orner ses cartes de visite et sa superbe calèche d'un tortil de baron ou d'une couronne de comte. Convaincu que le régime actuel n'accomplira jamais ses désirs, il fait les vœux les plus ardents pour Henri V, dans l'espoir d'ajouter à son nom celui de *la Macardière*, que porte l'une de ses propriétés. En attendant le rétablissement de la monarchie et la création de nouveaux titres sonores, Me Duret se console de sa roture, en fréquentant tous les nobles des environs et en signant « d'Uret. » Il ne manque jamais d'insinuer qu'il est intime avec le duc de Chavigny et qu'il est parent, par les femmes, du vicomte de Landry, sous-préfet de la ville voisine. « Ce cher Duret, dit volontiers notre joyeux juge de paix, on mettrait un *de* devant une... chèvre qu'il l'appellerait ma cousine. »

LE JUGE DE PAIX

M. Baroux, notre juge de paix, ne renoncerait certes pas à sa place si le gouvernement supprimait ses modestes appointements. « Où trouverai-je, répète-t-il souvent, un meilleur poste pour observer et pour étudier le cœur humain? Un jour viendra où je prouverai, pièces en mains, que notre grand Balzac, accusé d'exagération dans la peinture des mœurs du temps, est resté bien au-dessous de la triste réalité. »

Son esprit mordant et incisif a suscité à notre magistrat un grand nombre d'ennemis dont il se moque, d'ailleurs, avec une verve intarissable.

Vous vous rappelez, sans aucun doute, le père Vidaux, dont la bêtise était insondable. Quelque temps avant sa mort, il se flattait d'avoir rempli gratuitement plus de dix fonctions aussi inutiles les unes que les autres. Le juge de paix écoutait gravement les éloges que se décernait ce fonctionnaire si peu rétribué. « Il est certain, lui dit-il en le quittant, qu'on ne vous traitera jamais d'homme *qu'on paie tant.* »

Le frère de notre juge de paix forme avec ce dernier le contraste le plus frappant. La figure grosse comme le poing, les yeux clignotants et abrités derrière des lunettes vertes, les lèvres minces et serrées, la tête couverte d'une casquette en forme de melon, à visière plongeante et à boutons ventilateurs, l'épine dorsale soulevant le drap marron d'une redingote usée jusqu'à la corde, tel s'offre à l'admiration générale, M. Hippolyte Baroux, dont l'avarice sordide est connue à vingt lieues à la ronde.

Je me promenais dernièrement avec lui près de l'hospice où l'on vend, chaque jour, aux malheureux de la commune, de la soupe grasse à huit centimes le demi-litre, lorsque mon compagnon se mit à faire un éloge pompeux de la cuisine des pauvres. « Le dimanche et les jours de fête, me dit-il à voix basse, comme s'il voulait économiser le souffle de ses poumons, j'arrive avant l'heure de la distribution et je me fais servir une bonne tasse de bouillon. Ça ne coûte pas tout-à-fait deux sous, ajouta-t-il, en appuyant sur chacune de ses paroles, mais moi je donne... DEUX SOUS.

En prononçant ces mots, il fit un geste d'une telle ampleur qu'un mendiant, rôdant autour de nous, tendit vivement son chapeau délabré au-dessous de la main de l'avare, convaincu que ce dernier lui jetait une pièce de cinq francs.

Le petit-fils d'Harpagon occupe une vaste maison dont la belle façade attire tous les indigents qui traversent le village. A peine la sonnette vient-elle de tinter dans le long corridor de sa demeure, que le maigre Hippolyte, enveloppé dans une robe de chambre en lambeaux et traînant de vieilles savates, entr'ouvre la porte et répond invariablement à chaque quémandeur : « Ne vous amusez pas, mon brave, on ne peut rien vous donner, *les maîtres n'y sont pas.* »

LE PERCEPTEUR

Blessé grièvement en Crimée, bien loin sans doute du foudre de guerre, si célèbre par ses coliques princières, M. Sautereau, notre percepteur, est depuis quinze ans, la providence des malheureux de la commune.

D'une indifférence complète en matière religieuse, il fait le désespoir de notre vénérable curé qui le recommande, néanmoins, chaque jour, à la miséricorde divine. Plus jeune et partant moins tolérant, le vicaire regrette le bon temps de l'inquisition où, sous l'influence d'une chaleur un peu vive, on convertissait les pécheurs les plus endurcis.

Ce qui exaspère surtout les personnes bien pensantes, contre l'ancien officier de zouaves, c'est qu'il prétend gagner le ciel en suivant les conseils de son ami Béranger, dont il fredonne sans cesse l'un des plus charmants refrains :

> Dieu lui-même
> Ordonne qu'on aime.
> Je vous le dis en vérité :
> Sauvez-vous par la charité.

L'INSTITUTEUR

Il vient d'être révoqué. Tout le village est en émoi. Les uns disent : « c'est le préfet qui l'a frappé » ; les autres prétendent « que le coup part de l'évêché. » M. Porcheron a répondu à toutes mes questions : « M. le préfet est comme moi, il ne se trompe jamais. » Notre juge de paix m'a fortement engagé à garder, de Conrard, le silence prudent : Je me tairai donc, *sans murmurer*.

LE BRIGADIER DE GENDARMERIE....

La prit trop jeune, bientôt s'en repentit...

La sémillante moitié de notre brigadier profitait, depuis longtemps, des nombreuses absences de son époux, pour presser, sur ses robustes appas, le remplaçant jeune et plein de feu d'un mari triste et rhumatisé, lorsqu'une nuit, le pauvre gendarme frappa à la porte de la chambre où les coupables profanaient le lit nuptial, sans pudeur et sans vergogne.

La fuite est impossible ; où se cacher ? L'amoureux, effaré, s'habille à la hâte, jette un regard désespéré autour de lui, puis s'élance, soudain, dans la caisse de l'horloge.

Sa complice, simulant alors, un réveil subit, ouvre à son seigneur et maître, le félicite de son retour inattendu et l'invite à se coucher auprès de son Agathe chérie.

Un crime de plus (si toutefois l'on peut donner ce nom au doux péché d'amour) allait échapper à la justice humaine, lorsqu'un éternument formidable retentit dans la direction de la pendule.

Bondir jusqu'à l'horloge, ouvrir la caisse en acajou, fut l'affaire d'une seconde pour l'homme habitué aux décisions rapides.

— Que faites-vous là, s'écria, à la vue de l'intrus, le mari brandissant son terrible bancal ?

Les cheveux hérissés, les yeux hagards, fou de terreur, le jeune séducteur répondit en balbutiant : « Je... je... je me... *je me promène.* »

Ahuri par cette réponse insensée, le brigadier laissa tomber son sabre et...... le lendemain, la peu chaste Agathe lui persuadait qu'un affreux cauchemar avait dû troubler son sommeil.

LE GARDE-CHAMPÊTRE

Un mandarin de 1re classe prétend qu'il existe un rapport intime entre le milieu dans lequel nous vivons et la forme extérieure de notre corps.

Le moindre savant allemand vous prouverait qu'il n'en saurait être autrement, en invoquant la parallaxe de Vénus et la densité du bouillon Liébig : simple paysan, je me contente de penser, en contemplant notre garde-champêtre, que le docte Chinois pourrait bien avoir raison.

Le père Longuet sert la commune depuis 1820. Les plus anciens du village l'ont toujours connu, arpentant de ses longues jambes, les plaines et les coteaux des environs et, pour nous tous, il fait partie intégrante du paysage.

Sa figure, tannée et ridée, a tellement pris l'aspect des sillons qu'il parcourt sans cesse, que les oiseaux les plus craintifs caressent souvent, d'une aile légère, la peau rugueuse du témoin pacifique de leurs gracieux ébats.

Son corps, tordu par la fatigue et par la chaleur, ressemble si bien aux troncs noueux des saules, que les truites, elles-mêmes, continuent leurs rapides évolutions, sous le regard bienveillant du gardien officiel de nos récoltes.

Les moutons saluent tous, d'un doux bêlement, les cheveux blancs et crépus qui couvrent la tête osseuse du père Longuet, et les bœufs, touchés de sa placidité, tournent longtemps vers lui leurs gros yeux mornes et stupides.

Une certaine classe de bipèdes le fuient cependant avec le plus grand empressement : c'est celle des amoureux qui transforment si souvent nos fossés en joyeux temples de Cupidon.

COTE-D'OR

GRAND-BASSAM. — DABOU.

COTE-D'OR

GRAND-BASSAM

(Septembre 1865).

J'ai quitté Saint-Louis le 25 mars pour m'embarquer à Gorée sur l'*Armorique* en destination de la Côte-d'Or et du Gabon. Notre traversée a été magnifique et nous avons eu jusqu'à Grand-Bassam une mer superbe, légèrement ridée par une jolie brise de N.-O.

L'*Armorique*, commandée par un contre-amiral, est une frégate mixte, marchant à la vapeur et à la voile. Les appartements de l'amiral (à tout seigneur tout honneur) occupent l'arrière du bâtiment et sont décorés et meublés avec un luxe princier. De la dunette qui les recouvre, on aperçoit un pont immense, portant fièrement sa haute mâture et sa cheminée inclinée qui vomit nuit et jour un long panache de fumée. Les voiles, largement déployées comme les ailes d'un oiseau aquatique, font glisser rapidement la frégate penchée sur les flots qui la caressent mollement. Un escalier, étincelant de propreté, éblouissant sous sa parure de cuivre, conduit à la batterie. Parcourons-là rapidement. A l'une de ses extrémités nous trouvons le *carré*, salle à manger des officiers et passagers du même rang; à l'autre, l'infirmerie qui reçoit toujours par la marche même du navire, un courant d'air précieux dans les régions équatoriales. A babord et à tribord, des canons monstrueux, farouches sous leur teinte bronzée, avancent leur bouche menaçante à chaque sabord. Descendons encore, et nous entrons dans le faux-pont qui renferme les cabines des officiers, leur cuisine et le poste des élèves ou aspirants de 1re et de 2e classe. Dans cette partie déjà bien sombre du navire, règne une chaleur suffocante, surtout dans le voisinage de la machine. Les officiers logés dans la batterie peuvent seuls dormir dans leur cabine, les autres s'installent sur les canapés du carré, sur le pont, partout enfin où l'air atteint une température supportable.

Sous le faux-pont, il existe un endroit bien sale, bien noir, bien infect, suintant toujours une humidité malsaine : c'est la cale. C'est là qu'est la soute aux poudres, le magasin général des vivres et du matériel, et le cachot de l'équipage. Il faudrait un volume entier pour donner la nomenclature des animaux rongeurs qui y vivent aux dépens du navire et des gaz nauséabonds qui s'en exhalent, jour et nuit.

Maintenant que vous connaissez à peu près la distribution générale du bâtiment de guerre qui m'a débarqué à Grand-Bassam, je vais vous donner quelques renseignements sur le nouveau pays où je suis appelé à séjourner quelques mois.

Grand-Bassam appartient à la France depuis une vingtaine d'années. C'est un petit comptoir situé dans le golfe de Guinée, à 5 degrés environ de l'équateur et à l'entrée d'une lagune qui s'étend à l'intérieur sur une longueur de 35 à 40 lieues. Les indigènes y échangent la poudre d'or, l'ivoire, l'huile de palme, les peaux de tigres et de singes contre des armes à feu, de l'eau-de-vie, des pièces d'étoffe et de la verroterie. Deux postes assez importants, Dabou et Assinie, forment avec Grand-Bassam, un triangle duquel le commerce ne sort guère. Les différentes tribus qui peuplent les bords de la lagune sont généralement en paix avec nous. Seule, la puissante tribu des *Boubourys* tient le haut de la lagune en interdit et inquiète nos possessions voisines.

Les habitants de la Côte-d'Or sont beaucoup moins foncés que les Sénégalais que j'ai eu l'honneur de vous présenter dans mes dernières lettres.

Leur couleur est d'un rouge très-sombre. Leur religion est à peu près nulle ; ils possèdent cependant des images grossières devant lesquelles ils boivent à la ronde de l'*eau de feu* dans les jours de richesse et du vin de palme dans les jours moins fortunés. Ils ont institué, en outre, comme divertissements tout-à-fait supérieurs, une série de sacrifices humains et de repas plus horribles encore.

Nous avons fait tous nos efforts pour empêcher ces orgies sanglantes, mais la volonté la plus énergique vient se briser contre des habitudes contractées depuis des siècles, et autant vaudrait chercher à arracher la proie de la gueule d'un tigre. Ces sacrifices ont lieu principalement à la mort d'un chef ou d'un notable, et dans de grandes fêtes que les noirs célèbrent à l'apparition des premiers produits de la terre. Quelle cruelle et triste anomalie ! Célébrer la nature en détruisant ce qu'elle a eu tant de peine à enfanter. On ne saurait être à la fois plus stupide et plus cruel.

La justice du pays n'admet que deux peines : l'amende et la mort. Une fois l'arrêt prononcé, il s'exécute, en quelque endroit que se trouve le condamné. Dernièrement, notre berger a été frappé d'un grand coup de couteau dans la poitrine et n'a dû son salut qu'à la prompte intervention de la force armée. Ce pauvre diable avait commis un vol assez important au village de Grand-Bassam, situé à 3 kilomètres environ du comptoir. Ignorant ses tristes antécédents, nous l'avions admis dans le personnel du poste, en qualité de berger. Tant qu'il avait eu la sage précaution de coucher dans l'enceinte, ses ennemis n'avaient pas osé l'attaquer; mais un soir, l'amour parlant plus haut que la prudence, il eut la malencontreuse idée de se rendre au domicile d'une jeune beauté qui demeurait à quelques cents mètres de nous. Quatre noirs prévenus avec une rapidité étrange, descendirent la lagune en pirogue, rampèrent jusqu'à la case où le malheureux soupirait sans doute aux pieds de sa belle, et lui appliquèrent dans la poitrine un coup de couteau à tuer deux ou trois blancs. Un hasard providentiel, sous la forme d'une patrouille de tirailleurs, le sauva au moment où ses ennemis, le croyant mort, l'enlevaient pour le jeter à la mer. Porté à l'hôpital de Grand-Bassam, dans un état désespéré, le moribond fit le plus grand honneur aux soins qui lui furent prodigués, car trois semaines après l'attentat dont il avait failli être victime, il était parfaitement guéri et reprenait immédiatement ses fonctions champêtres. Les noirs, qui tiennent à exécuter le jugement prononcé contre lui, le guettent encore; mais, tant qu'il restera dans l'enceinte même du poste, il sera à peu près à l'abri d'une nouvelle tentative de leur part.

Les naturels, comme ceux du Sénégal, ne se troublent guère aux approches de la mort et tout nous porte à croire qu'ils la considèrent comme un bienfait quand elle se présente un peu avant la vieillesse; car, à chaque décès, les villages voisins se livrent, au son du tam-tam, à des danses sans fin, accompagnées de copieuses libations d'eau-de-vie et de vin de palme. Cette indifférence à l'égard de la mort étonne tout d'abord, les indigènes vivant ici sans travail et sans souci du lendemain. La terre leur fournit sans culture et à profusion des bananes, des ignames, des cocos, des choux palmistes; un coup de filet dans la lagune leur ramène du poisson pour toute une famille et la forêt leur réserve le *bambou*, qui leur permet de se construire un abri convenable en quelques jours. Leur habillement ne les ruine pas : avec 50 centimètres de toile bleue, ils s'estiment aussi drapés que des sénateurs romains. La nature satisfait à tous leurs besoins; que leur manque-t-il donc pour désirer ainsi la mort avant l'heure fatale ? Il leur manque des espérances futures et les jouissances morales qui permettent au vieillard de supporter avec patience et résignation les souffrances qui l'avertissent de son prochain départ pour un monde meilleur : ils vivent comme les bêtes et meurent de même. Passons maintenant à la description du poste de Grand-Bassam.

Placé au bord de la mer, il est bâti sur une langue de sable qui s'avance en pointe au milieu des flots. Deux maisons en bois (elles arrivent de France et sont montées par les soins des ouvriers du génie) sont affectées au logement des blancs; les tirailleurs noirs sont groupés dans un petit village à deux pas de la palissade. Une poudrière et un hôpital, bâtis à grands frais, avec des pierres provenant de Téneriffe, occupent le milieu de l'enceinte dont les angles sont munis de canons de siége. Une batterie d'obusiers de montagne complète la défense de Grand-Bassam qui, entouré d'eau de toutes parts, redoute peu une attaque de vive force. Un aviso à vapeur, mouillé à l'entrée de la lagune, nous permet de communiquer avec la haute mer et avec les postes situés dans l'intérieur.

L'aspect du comptoir est ravissant. Grâce à la fécondité prodigieuse du sol, nous possédons de magnifiques allées de cocotiers et de palmiers qui forment au-dessus de nos têtes de gracieux berceaux de verdure que le soleil le plus ardent ne peut traverser. Sous leur ombrage puissant, un petit pavillon à jour sert de lieu de réunion aux officiers. Un kiosque situé à cent pas du poste et baigné par la mer, a été élevé à la dignité d'observatoire. C'est le rendez-vous des flaneurs et de ceux qui sont fiers de signaler, les premiers, une voile à l'horizon. C'est aussi notre séjour favori lorsque la mer brise avec violence : on y jouit d'un spectacle toujours nouveau et sur lequel on ne se blase jamais.

La mer, il est vrai, présente sur cette côte un phénomème éminemment curieux, celui des *brisants* (*). A cent mètres de la plage, par le temps le plus calme et à chaque instant du jour et de la nuit, la mer s'arrête, se dresse comme un cheval qui se cabre, s'élève à une hauteur de 4 à 5 mètres, se creuse en volutes, sur deux lignes parallèles, et retombe avec un bruit étourdissant. Ce soulèvement régulier et permanent des vagues paraît tenir à des accidents brusques de terrain au fond de la mer. Les eaux poussées du large et en mouvement sur une grande profondeur, viennent heurter des montagnes sous-marines qu'elles franchissent avec d'autant plus de violence que la mer est plus

(*) On appelle *brisants*, sur la côte occidentale d'Afrique, non pas un banc d'écueils, mais les flots eux-mêmes *se brisant* sur la plage.

agitée. Lorsque les brisants sont mauvais, le bruit des flots, le long de la plage, est comparable aux détonations de l'artillerie. La mer, en de pareils moments, est folle, et il semble qu'un monstre immense se roule en délire dans ses profondeurs insondables. La vague déferlant sur le sable ou heurtant une vague contraire, se brise en mille molécules qui s'élèvent en tournoyant jusqu'à une hauteur de trente pieds. Malheur au navire dont l'ancre serait arrachée et qui viendrait s'égarer dans une pareille tourmente. Tordu, broyé par la mer en furie, il disparaîtrait à jamais dans un abîme sans fond.

En temps ordinaire, on franchit les brisants avec une pirogue. Des noirs, exercés depuis leur enfance, les traversent avec une habileté incroyable. J'ai voulu me rendre compte par moi-même du danger du passage et me faire une idée exacte du mouvement de la mer. Dimanche dernier, un des piroguiers chargés du service des brisants, vint me prévenir qu'on apercevait une tortue, à environ un mille du comptoir. Je courus aussitôt à la plage avec quelques tirailleurs et je fis rouler la pirogue au bord de la mer.

Six noirs entièrement nus et armés de pagaies, s'élancèrent avec moi dans la petite embarcation et nous attendîmes ce qu'ils appellent une *embellie*.

Debout dans la pirogue (il faut être nègre ou singe pour se tenir en équilibre dans pareille position), refoulant l'eau avec leurs pagaies, mes braves matelots passèrent, comme une flèche, sur l'onde écumante. Assis dans le fond de la pirogue, serrant ses bords de mes mains crispées, je reçus tout d'abord un paquet de mer qui me mouilla des pieds à la tête. Ce détail était prévu et j'étais vêtu en conséquence. Après être resté quelques minutes en face du second brisant, nous franchîmes rapidement ce dernier obstacle. La pirogue se dressa presque verticalement, puis, n'étant plus soutenue par la vague qui déferlait en ce moment, retomba avec une telle violence que j'eusse été infailliblement jeté à la mer, sans le secours d'un piroguier qui me retint de son bras nerveux. Le dernier brisant passé, la mer s'ouvrait calme devant nous; je fis hisser la voile et nous nous approchâmes, en silence, de la tortue qui dormait, doucement bercée par les flots. Deux noirs se dirigèrent vers elle en nageant avec la plus grande précaution, et en un tour de main, elle fut renversée sur le dos et quatre nœuds marins lui serrèrent les pattes. Le plus difficile était fait; la tortue ne pouvait plus nous échapper. Il s'agissait ensuite de la placer dans la pirogue, sans nous faire chavirer. Les noirs l'amenèrent sous l'avant et, soulevée par les mains de ceux qui étaient à l'eau, tirée par les cordes qui lui liaient les pattes, elle fut déposée sur le dos, au fond de notre embarcation. Nous n'avions plus à nous en occuper, une tortue, le ventre en l'air, ne pouvant faire aucun mouvement.

Les brisants s'étaient un peu apaisés pendant notre petite expédition et nous débarquâmes sans grande difficulté. Tout le personnel du poste nous attendait sur la plage et notre pêche excita une joie générale. La tortue femelle (sa chair est plus délicate que celle du mâle) que nous venions de prendre pesait 150 kilogrammes environ. Elle fut immédiatement traînée dans la cour de la cuisine où j'assistai à son dépècement.

Un nœud coulant lui fut habilement glissé autour du cou et un tirailleur, aux formes athlétiques, se chargea d'empêcher la tortue de rentrer la tête dans sa carapace. Un coup de hache la décapita en faisant jaillir des flots de sang. Le ventre fut ouvert de la même manière et la distribution de la viande commença aussitôt.

La chair de la tortue a le même aspect que celle du bœuf et beaucoup d'amateurs lui trouvèrent un goût plus fin. Pour ma part, je mangeai avec le plus grand plaisir un des nombreux *biftecks* qu'elle nous fournit ainsi qu'un excellent morceau de foie. Le soir, nous fîmes un bon bouillon avec les pattes, et les blancs du comptoir se régalèrent pendant deux jours avec la centaine d'œufs qu'on trouva dans son corps.

Je vous ai déjà parlé de notre berger ; je viens de comparer la chair de la tortue à celle du bœuf; vous pourriez en conclure que nous possédons un nombreux troupeau. Il n'en est rien, hélas ! et bien souvent la place de berger n'est qu'une sinécure. Le commandant du poste est parvenu depuis quelque temps à acheter aux chefs de la lagune un petit nombre de bœufs et de moutons, mais en si faible quantité que nous ne mangeons de viande fraîche que tous les quinze jours. Nos prédécesseurs, moins heureux, en furent privés pendant leurs deux années de séjour. Nous ne pouvons d'ailleurs conserver l'espoir de voir notre troupeau s'augmenter de lui-même, car les animaux résistent difficilement à l'humidité permanente des environs de Grand-Bassam. Une autre cause de maladie est due à la présence d'un insecte nommé *tique* qui, après une première piqûre, s'insinue dans la plaie et la prolonge comme une mine. La gangrène suit cette route toute tracée et ne tarde pas à attaquer les organes essentiels de l'animal. Heureusement pour nous la lagune est très-poissonneuse et nous fournit, matin et soir, un bon plat de carpes ou d'anguilles. Les poulets et les œufs complètent notre ordinaire. Une provision de conserves, d'un prix exagéré, nous permet de suppléer au manque de vivres frais. L'État nous donne, en ration : le pain, le vin, le café et le lard, et malgré tous ces avantages, notre nourriture nous coûte chaque mois de 130 à 150 francs. En somme, grâce à notre bonne solde, nous pouvons encore nous accorder un certain bien-être, mais les pauvres soldats blancs sont loin d'être heureux sous le rapport de l'alimentation. Le lard salé est la base de tous leurs repas. Le jardinage pourrait leur venir en aide, mais comme ils sont presque toujours malades, aucun d'eux ne veut s'en occuper. Leur vin de ration est bon, mais ils en reçoivent une quantité insuffisante (la ration est de 50 centilitres par jour). Dans un pays où l'anémie arrive si vite, il faudrait à chaque homme un litre de vin par jour pour résister, pendant deux ans, à l'action débilitante du climat. Et cette anémie, ce dépérissement continu qu'on nie d'abord dans ses premiers jours de colonie n'est que trop réel !

Le chirurgien du poste de Dabou qui était venu se faire soigner à l'hôpital de Grand-Bassam, est mort hier soir, victime de l'action désorganisatrice d'une chaleur humide et d'un air chargé de miasmes délétères. Ce malheureux jeune homme, âgé de 28 ans, est tombé à la suite d'une fièvre bilieuse, dans un état de faiblesse et de prostration dont rien n'a pu le tirer. Les soins les plus dévoués et les plus intelligents lui ont été prodigués, les toniques les plus puissants ont été employés, sans pouvoir arrêter la marche lente et sûre de l'anémie et il s'est éteint, comme une lampe sans huile, véritable cadavre, huit jours avant sa mort! Un navire prenant la haute mer aurait pu le sauver, mais la fatalité s'en est mêlée, car ce matin on nous signale une voile à l'horizon.

Grand-Bassam est considéré comme un des points les plus insalubres de la côte d'Afrique et sa mauvaise réputation n'est que trop méritée. La partie de la lagune qui porte son nom forme d'immenses marais dont les miasmes convergent sans cesse vers nous.

Vieilles comme le monde, les forêts vierges envahies, à la saison des pluies, par les rivières débordant de toutes parts, renferment un amas considérable de débris de végétaux et d'animaux qui, par leur décomposition, se transforment en un véritable foyer de pestilence. Lorsque le vent a passé sur ces terres maudites, il entraîne avec lui des odeurs nauséabondes et des gaz vénéneux qui, en quelques jours, corrompent le sang le plus pur et engendrent des fièvres que rien ne peut chasser.

L'imprudent qui joue avec elles, se précipite volontairement sous les coups de la mort. Outre la fièvre ordinaire, le voisinage de la mer, la chaleur humide et les miasmes de l'intérieur donnent naissance à l'un des plus terribles fléaux qui ravagent la terre, un fléau qu'on ne peut comparer qu'à ses frères, le choléra, le typhus et le vomito-negro, un fléau dont le nom seul inspire la terreur : la fièvre jaune ! Son apparition est périodique et se répète tous les cinq ans. A son dernier passage, en novembre 1862, elle a enlevé, en quelques jours, trois commandants de poste. Les sous-officiers et les soldats ont presque tous succombé, en moins d'un mois et les survivants n'ont dû leur salut qu'à un départ précipité pour l'intérieur des terres. Le poste d'Assinie, situé dans une position analogue à celle de Grand-Bassam, n'a pas été mieux traité que ce dernier. Dabou, éloigné de 25 lieues, a été préservé jusqu'à ce jour et a servi de refuge à une partie de la garnison.

Une maladie d'un tout autre genre, et dont les effets sont souvent mortels, la dyssenterie, ne pouvait trouver, pour se développer, un foyer plus propice que ce charmant pays de la Côte-d'Or ; aussi ne saurait-on prendre trop de précautions contre elle. En vivant sobrement, en évitant les refroidissement brusques, on réussit quelquefois à l'éviter, mais il y a des organisations fatalement vouées à son envahissement. Tout porte à croire que selon les tempéraments, les miasmes délétères, empoisonnant le sang ou les intestins, produisent chez les uns la fièvre paludéenne et chez les autres la dyssenterie, qui, à sa dernière période, aboutit toujours à la mort.

Tel est, à peu près, le bilan sanitaire de Grand-Bassam. Les maladies n'y sont point nombreuses, mais, en revanche, chacune d'elles tue parfaitement son homme. Fuyons ce sujet par trop lugubre et parlons de la fête du 15 août que nous venons de célébrer il y a quelques jours.

Le caractère officiel des fêtes de France pendant cette journée, est remplacé ici par un élan tout spontané : En unissant par la pensée, nos manifestations à celles de la mère-patrie, il nous semble avoir rompu les liens qui nous attachent loin d'elle, à l'une de ses plus mauvaises colonies.

Le commandant n'a eu aucun ordre à donner; chacun a mis à sa disposition une bonne volonté illimitée. Je m'étais chargé avec empressement de l'illumination du poste et de l'installation du kiosque des officiers qui devait servir de salle à manger. Depuis huit jours, notre aide-commissaire avait envoyé tous ses agents dans la forêt voisine, et notre maison disparaissait déjà sous des larges feuilles de bananier et sous un triple rang de guirlandes de verdure qui serpentaient gracieusement le long de la façade. Une centaine de lanternes, fabriquées avec du bois et du papier huilé, furent placées au sommet des cocotiers et des palmiers qui forment l'allée principale du comptoir. Je fis tapisser l'intérieur du kiosque avec les pavillons de la marine et sa partie supérieure, fermée par une flamme bleue rayée de grandes lignes blanches, devait laisser tomber sur les invités, la lumière colorée de quatre fanaux empruntés au matériel de l'aviso à vapeur. Plusieurs faisceaux d'armes, d'un éclat mat et sévère, se détachaient avec vigueur sur les couleurs nationales, et un vase aux formes artistiques, chef-d'œuvre du chirurgien, occupait la place d'honneur sur une grande table choisie pour le dîner officiel. Le commandant avait, de son côté, préparé les régates et le feu de joie et avait fait installer sur la toiture plate de l'hôpital quelques pièces d'artifices, découvertes dans la poudrière. Le 14, au soir, tous les éléments de la fête étaient prêts, et le 15, au lever du soleil, 21 coups de canon invitaient les habitants des environs à descendre à Grand-Bassam.

Vers dix heures, une musique étrange, lente et criarde, nous fit courir tous au-devant du grand chef de la lagune. Le roi et son cortége, n'empruntant rien à nos allures civilisées, s'avançaient avec la sage lenteur qui préside aux mouvements de tous les noirs. En tête du défilé, une quarantaine de musiciens, soufflant dans des cornes d'ivoire ou battant du tam-tam, nous gratifièrent, en passant, d'un mélange intime de sons étourdissants et d'odeurs peu suaves.

Derrière cette foule bruyante, le grand-chef portant habit galonné et caleçon rouge, abritait son auguste tête sous un parasol tricolore, que tenait derrière lui le plus aimé de ses favoris. Où devait aboutir tant de pompe? O néant des splendeurs de ce monde! Ce roi, ce grand de la terre, vint s'incliner humblement devant notre commandant et lui présenta sur le champ une requête ayant pour but d'obtenir... quelques litres de tafia. La demande accordée, le chef et sa cour s'efforcèrent, à l'envi, d'ingurgiter le plus grand nombre possible de verres d'eau-de-vie. Une heure après, Sa Majesté s'endormait le nez dans le sable. Indulgents et pleins de respect pour les grandeurs tombées, nous fîmes jeter, pêle-mêle, dans un coin, roi, courtisans et valets, et nous laissâmes ce groupe, aussi précieux qu'élégant, sous la protection d'un tirailleur transformé en cent-gardes, pour cette occasion solennelle. L'heure des régates et des courses était arrivée, mais je crus prudent de ne pas m'éloigner du comptoir afin de surveiller les préparatifs du dîner. Je connaissais par expérience, l'attraction puissante que l'argenterie des blancs exerce sur les mains des noirs, et j'avais une confiance très-modérée dans nos hôtes : rien ne fut volé, mais jusqu'à nouvel ordre, je continuerai à croire que ma présence a été la cause première de tant de vertu.

A six heures et demie, le poste s'illumina comme par enchantement. La nuit avait succédé rapidement au crépuscule, si court dans nos régions équatoriales, et nous avait enveloppé de son voile sombre et mystérieux. Sous la brise légère, murmurant dans leurs feuilles, les palmiers et les cocotiers agitaient leurs têtes en feu et jetaient sur notre promenade de grandes bandes de lumière, alternées d'ombres bizarres. Notre maison figurait, sous sa couche de verdure, l'entrée d'une épaisse forêt et se perdait dans les ténèbres qui s'étendaient sur cette partie de l'enceinte. Les tirailleurs abdiquant, pour cette soirée, leur fierté militaire, avaient daigné se joindre aux nombreux danseurs qui tournaient en chantant, autour de nous. Leur costume oriental faisait, avec l'habillement plus que simple de nos invités, un contraste des plus piquants, et il dut troubler bien des cœurs féminins, aussi sensibles que ceux de France, à l'éclat d'une broderie et aux séductions d'un plumet bien porté. Bientôt, de nombreux cris de joie et de terreur éclatèrent de tous côtés, à l'apparition des premières fusées qui, traçant dans le ciel obscur un sillon éblouissant, retombaient en pluies d'étincelles sur les épaules nues des indigènes. Ces derniers, pris d'une panique insensée, s'enfuirent jusqu'au village voisin, et nous profitâmes du vide qui s'était opéré autour de nous, pour entrer dans le kiosque où notre dîner était servi depuis longtemps. Le grand chef et quelques notables firent honneur à tous les plats et témoignèrent pratiquement, un enthousiasme des plus sincères pour les différentes liqueurs offertes par le commandant. Après le café, nous allâmes tous contempler le feu de joie et la fête se termina par une longue promenade sur la plage, au bruit des flots qui venaient expirer à nos pieds.

Grand-Bassam (Novembre 1865).

J'attends ma nomination de lieutenant par le courrier prochain et je compte rentrer en France ou retourner au Sénégal, selon le régiment où je serai envoyé par suite de ma promotion. Pour attendre patiemment l'heure du départ, je vais vous introduire au milieu de nous ; ma chambre se trouve au rez-de-chaussée, nous nous y arrêterons donc tout d'abord, quelques instants.

La fabrication des meubles les plus simples étant encore à l'état de projet dans nos parages, le gouvernement a dû nous fournir le mobilier indispensable et il a su apporter dans cette opération la sage économie qui préside à ses dépenses utiles. Un petit lit d'ordonnance, une table, deux chaises et un bureau, rebut de quelque ministère, forment tout mon ameublement. Mon luxe se résume en une magnifique peau de tigre qui me sert de descente de lit, et en une petite bibliothèque dans laquelle j'ai placé avec soin, les quelques amis qui m'accompagnent fidèlement dans toutes mes pérégrinations.

J'ai réservé le rayon supérieur à la littérature du XVIIIe siècle, représentée par les œuvres choisies de Voltaire, de Montesquieu et de Jean-Jacques dont je prends de petites doses souvent répétées. Le second rayon est occupé par les trois grands poètes de notre époque, Victor Hugo, Lamartine et Alfred de Musset.

Après les poètes, les prosateurs. J'ai dû faire un choix très-restreint parmi nos meilleurs écrivains et me contenter des principaux ouvrages de trois auteurs, dont voici les noms par ordre chronologique : Paul-Louis Courrier, Balzac et Emond About. Le premier est votre favori, c'est aussi le mien, je ne vous en parlerai donc pas. Quand au second, vous devez fort peu le connaître, tant est grand votre dédain pour la prose moderne et vous apprendrez avec étonnement que je le regarde comme le penseur le plus profond de notre siècle. Dans vingt ans, j'en suis convaincu, Balzac éclipsera tous ses rivaux et la postérité le placera bien près de Molière qui, lui aussi, a écrit la comédie humaine de son temps. Etudiez son *Grandet*, comparez-le à *Harpagon* et vous reconnaîtrez que ces deux types de l'avare sont frères et que le premier est aussi vrai, aussi naturel dans ses actes que le second l'est dans ses paroles. Balzac a été méconnu de son vivant ; nos petits-fils le vengeront de l'oubli de ses contemporains.

Mon troisième favori, Edmond About, vous est sans doute encore plus inconnu que le second. C'est cependant un digne élève de Voltaire, qui, du haut de son immortalité, a dû applaudir à ses premiers succès. Ouvrez son *Progrès* et vous croirez lire un chapitre de l'auteur de l'*Homme aux quarante écus*.

Vous connaissez maintenant ma chambre comme

si vous l'aviez occupée pendant six mois et nous allons, en conséquence, commencer nos visites. Au pied de l'escalier qui conduit à l'unique étage de notre maison, nous trouvons une porte donnant accès chez mon lieutenant qui, selon son habitude, est d'une humeur massacrante. Evitons cet être grincheux qui ne pourrait que nous ennuyer du récit de ses prouesses de garnison et frappons chez le commandant supérieur des postes de Grand-Bassam, d'Assinie et de Dabou et de l'aviso à vapeur *la Mouette.* Notre commandant est un homme charmant, un causeur plein d'esprit et un officier distingué. Lieutenant de vaisseau depuis plusieurs années, il portera bientôt les épaulettes à gros grains des capitaines de frégate. Elève de l'école navale, décoré comme aspirant, au siége de Sébastopol, il a franchi les premiers échelons de la hiérarchie militaire avec une rapidité de bon augure pour son avenir. De nombreuses citations au *Bulletin officiel* le récompensent souvent de ses brillants travaux sur la marine et les colonies.

Dans une pièce voisine, un jeune commis de marine, responsable de la caisse, vérifie des piles d'or et d'argent; ne le troublons pas, les distractions lui coûtent trop cher. Les deux dernières chambres sont occupées par un aide-commissaire qui remplit les fonctions de sous-intendant et d'officier d'administration. C'est l'homme le plus affairé du comptoir ; il court sans cesse du magasin des vivres à celui du matériel, de la boulangerie à l'hôpital et de son bureau à celui du commis de marine, qu'il lance à son tour à la recherche de papiers introuvables. C'est le mouvement perpétuel ; tous ses instants sont comptés, et chaque jour il s'arrache aux douceurs du dessert pour terminer au plus vite des états trimestriels, des bordereaux récapitulatifs et autres pièces du même genre qu'on attend, à ce qu'il paraît, avec une anxiété extrême, dans les hautes régions administratives. Inutile de chercher à causer avec lui, il a toujours un pied levé et n'attend jamais la fin d'une phrase. Laissons-le donc à ses boucauts de lard et à ses barriques de vin et félicitons-nous de posséder un administrateur aussi zélé que lui dans un pays aussi dépourvu de ressources que Grand-Bassam.

Notre chirurgien, aussi taciturne que son collègue du *101e régiment de ligne*, disparaît après les repas et s'enferme dans sa chambre où il *pioche* son examen de docteur.

J'étais sur le point de fermer ma lettre quand le commissaire est venu me prévenir que le courrier était retardé de vingt-quatre heures.

Je profite de ce répit inattendu pour vous donner enfin, les renseignements que vous me demandez depuis si longtemps, sur l'origine de l'infanterie de marine et sur les causes de la mauvaise réputation qui a pesé sur elle, pendant de longues années. Aujourd'hui, que notre arme a rompu complétement avec un passé dont elle n'est pas responsable, je crois pouvoir, sans inconvénient, vous faire connaître ses débuts déjà loin de nous.

Le service colonial a été fait pendant longtemps par des régiments de ligne qui se relevaient à tour de rôle. De nombreux tiraillements n'avaient pas tardé à se produire entre le ministère de la guerre et celui de la marine, au sujet des troupes empruntées à l'armée de terre. Pour éviter tout conflit, on décida la création d'une arme spéciale, destinée à fournir, d'une façon régulière et permanente, des garnisons d'infanterie et d'artillerie à nos possessions d'outre-mer. Un décret royal ordonna la formation de régiments d'infanterie et d'artillerie de marine, placés sous les ordres immédiats du ministre des colonies. Lancer un décret est toujours chose assez facile, mais l'exécuter est rarement aussi simple. Les soldats se trouvèrent sans difficulté; mais quand il fallut remplir les cadres, l'embarras devint des plus grands. Où prendre des officiers pour les mettre à la tête des compagnies nouvellement créées ?

On ne pouvait songer à envoyer contre leur gré des officiers de l'armée de terre dans un corps dépendant de la marine, et l'on dut se contenter de faire appel aux volontaires : on ne trouva guère par ce moyen qu'un petit nombre d'officiers qui, mal notés dans leur régiment, vinrent chercher, dans une arme nouvelle, l'oubli de leurs mauvais antécédents. La marine dut, en conséquence, prendre dans son sein les sujets qui lui manquaient. Elle s'adressa à ses capitaines d'armes et à ses premiers maîtres, qui s'empressèrent d'échanger leur position de sous-officier contre celle de sous-lieutenant.

Les colonels des régiments formés avec de si tristes éléments demandèrent, avec la plus vive instance, l'introduction dans les cadres, d'un élément jeune et intelligent. On répondit à leurs doléances avec une lenteur officielle : on finit, cependant, par leur envoyer des élèves de Saint-Cyr qui durent être cruellement désenchantés, en entrant dans une pareille galère. La nature vint heureusement au secours du ministre, en lui épargnant un travail d'épuration devenu indispensable. Les officiers qui affrontaient, pour la première fois et à un âge déjà avancé, le climat si pernicieux de nos colonies, disparurent bien vite, emportés par une mortalité effrayante. On trouva bientôt parmi les sous-officiers, des candidats dignes de porter l'épaulette, et grâce aussi au nombre toujours croissant des St-Cyriens, l'infanterie de marine ne tarda pas à se transformer complétement. Ses derniers progrès furent si rapides, que la guerre de Crimée la trouva parfaitement organisée et possédant un corps d'officiers remarquables par leur intelligence et par leur bonne tenue.

Les premières promotions d'officiers ont donné lieu à des légendes sans nombre, qui font la joie du troupier dans les longues soirées d'hiver. J'ai entendu narrer à Brest, par un soldat de ma compagnie, les hauts faits d'un certain capitaine Lavoile, qui, de maître calfat, était devenu officier dans l'infanterie de marine, en voie de formation. Le conteur, enfant du quartier Mouffetard, accompagnait son récit d'une mimique qui le transformait en une comédie désopilante. Il nous montra d'abord son héros proposé, malgré lui, pour le grade de sous-lieutenant et jurant ses grands dieux qu'il n'abandonnerait jamais sa cale pour commander à *un tas de schakos*.

Le ministre de la marine, lui-même, entre bientôt en scène, et mon parisien le promène en grande tenue sur tous les bâtiments de la flotte où il cherche, en vain, des candidats à l'épaulette. Son Excellence finit par rencontrer à bord du *Terrible*, le maître calfat Lavoile, qui résiste longtemps au tableau enchanteur des félicités qui l'attendent sous le brillant uniforme d'officier. Sa femme intervient alors et le décide à accepter. Joie du ministre qui donne l'accolade au nouveau promu et serre dans ses bras Mme Lavoile, dont l'attendrissement, bien naturel, inonde les magnifiques broderies de l'Excellence.

Après bien des péripéties burlesques, le maître calfat est devenu capitaine, grâce aux brillantes relations de sa femme, qui connaît intimement la cousine de la cuisinière d'un amiral.

Le régiment est sous les armes : il s'agit de défiler en bon ordre devant le préfet maritime qui veut constater, par lui-même, les progrès de la garnison. Le capitaine Lavoile, portant son sabre comme s'il avait encore en main son ancienne brosse à goudron, prend sa place de bataille et part du pied droit. L'ex-maître calfat, qui a cependant passé toute la nuit à épeler sa théorie, avec l'aide de madame, se trouble, perd la tête et oublie bientôt tous les commandements. Il faut aligner rapidement le peloton à droite : « A tribord alignement ! » s'écrie-t-il d'une voix de rogomme. Une conversion est urgente, on arrive à hauteur du préfet maritime : « Virez de bord ! » commande le capitaine Lavoile, avec accompagnement de mille tempêtes et de vieilles carcasses du diable. Le colonel accourt au triple galop et cherche à rappeler son inférieur à l'observation du règlement sur les manœuvres; mais le pauvre diable s'embrouille de nouveau, dans des changements de direction, et s'attire de sanglants reproches de la part de son chef, qui l'accuse de faire manquer le défilé. Enfin, exaspéré, fou de colère, envoyant promener colonel, chef de bataillon et tous ceux qui l'entourent, le malheureux capitaine Lavoile brise son sabre, arrache ses épaulettes, court au préfet maritime, se jette à ses pieds et demande, à grands cris, qu'on le ramène à sa cale chérie.

Grand-Bassam (Janvier 1866).

Je viens de faire une longue excursion dans la lagune, avec notre commandant, qui m'avait gracieusement offert une place à bord de *la Mouette*. Nous nous sommes arrêtés à chaque village, nous avons pénétré dans toutes les baies et, pendant huit jours, notre brave petit aviso a lutté avec succès, contre les courants les plus violents. Chacun de nous a remporté une ample moisson de renseignements. Je vous livre la mienne afin de compléter vos premières notions sur ce pays, aussi étrange que peu connu.

La lagune est alimentée par un grand nombre de cours d'eau dont le principal, l'*Ackba* ou *Comoé*, se jette dans la mer à une faible distance de Grand-Bassam. Le cours de ce fleuve n'a pu être tracé que d'après les récits des indigènes, qui prétendent généralement, que sa source est éloignée de nous de 120 à 130 lieues. De nombreuses cataractes empêchent toute navigation sérieuse au delà d'Alépé, grand village situé à environ 30 kilomètres du poste. Pendant la saison des pluies, l'*Ackba* est soumis à des crues de 14 à 15 mètres et son courant devient irrésistible. C'est alors un véritable torrent qui, bondissant de rochers en rochers, se précipite avec fureur à travers les forêts et entraîne dans ses eaux boueuses des arbres séculaires, que la mer lance souvent, tordus et brisés, sur les plages environnantes. Son embouchure est large et imposante; ses rives, bordées de palétuviers et de mangliers, aux racines tortueuses, forment un premier rideau de sombre verdure, derrière lequel se dressent de profondes forêts, impénétrables et mystérieuses. De loin en loin, de rares éclaircies laissent entrevoir une petite plage où sont groupées quelques pirogues et quelques huttes, à moitié cachées par les bananiers. Bientôt, l'horizon s'agrandit et la lagune apparaît dans toute sa beauté, avec ses îles vertes et riantes et avec ses bords escarpés, portant fièrement de nombreux palmiers, à la tige droite et élancée. Sa largeur, très-variable d'ailleurs, atteint jusqu'à 5 kilomètres. Sa profondeur permet aux goëlettes et aux avisos de la parcourir dans tous les sens. Dans sa partie étroite, les noirs ont établi de longues palissades, en bambou, qui la traversent en faisant de nombreux détours. Le poisson s'engage dans ce labyrinthe d'un nouveau genre, remonte jusqu'à la dernière limite et tombe fatalement dans les filets de ses ennemis. Ces pêcheries barraient autrefois toute la lagune et interceptaient complétement le passage à nos bâtiments. Il fallut se fâcher et faire entendre la voix persuasive du canon, pour obtenir des populations riveraines, une ouverture permanente d'une vingtaine de mètres, plus que suffisante pour les besoins de notre commerce.

Tous les villages situés sur les bords de la lagune se ressemblent de la manière la plus frappante. Un débarcadère, défendu par plusieurs lignes de pieux, donne accès aux pirogues qui se glissent, comme des anguilles, par un passage étroit et tortueux. Les cases des habitants sont généralement enfouies sous la verdure et placées sans ordre, à droite et à gauche de la plage. Un hangar, construit à quelques pas de la rive, abrite la grande pirogue de guerre qui peut contenir jusqu'à cent combattants. Cette embarcation est creusée par le fer et par le feu dans un tronc d'arbre gigantesque, et porte à ses extrémités des figurines grossièrement sculptées qui, sous le nom de *Fétiches*, sont destinées à assurer la victoire à leurs adorateurs.

Puisque je viens de vous parler de fétiches, je vais chercher à vous faire comprendre la signification de ce vocable, qui revient sans cesse sur les lèvres des noirs. Ces derniers n'ont pas de croyance religieuse; ils n'ont que des craintes nées d'une superstition inouïe. L'idée d'un Dieu puissant et souverainement bon leur est tout à fait inconnue et serait, d'ailleurs, incompatible avec leurs habitudes sanguinaires. Tous les êtres surnaturels qu'enfante leur imagination sont des génies malfaisants. Le plus terrible de ces mauvais esprits qui rôdent sans cesse autour d'eux, pendant les nuits sombres, celui qui les empêche de sortir de leur case après le coucher du soleil, c'est le génie de la lagune, grand fantôme aux ailes blanches, portant en lui-même une lueur éblouissante, dont il aveugle les pêcheurs attardés, sur son humide empire.

Leurs fétiches se divisent en deux classes distinctes : la première comprend tous les talismans (gris-gris des Sénégalais), destinés à les préserver des maléfices de leurs ennemis ; la seconde se compose d'idoles qui reçoivent un culte particulier et toujours sanglant. Pas de fétiches sans féticheurs. Ces derniers, à l'aspect imposant, d'un embonpoint remarquable, acquis aux dépens de la crédulité de leurs compatriotes, ont reçu, d'après les traditions locales, un pouvoir supérieur qui leur permet de transformer en fétiches, les objets les plus singuliers. Le corps couvert de grandes lignes blanches, les cheveux relevés en forme de casque, ces mystificateurs s'avancent gravement devant le futur fétiche et se livrent, autour de lui, à des danses interminables, accompagnées de signes cabalistiques. Le tour fait, ils reçoivent en paiement, soit un mouton, soit un bœuf, selon la réputation dont ils jouissent et la stupidité de ceux qu'ils exploitent. Leur métier est doublement lucratif, car ils sont à la fois, féticheurs et médecins.

J'ai été assez heureux pour voir un de ces étranges docteurs, dans l'exercice de ses fonctions. Appelé dans la case du chef de Tiackba pour y soigner une de ses femmes, il s'avançait en dansant et en agitant une clochette, suspendue à un long bonnet, fait d'une peau de singe. Avant d'entrer dans la chambre de la malade, il se roula plusieurs fois à terre, en poussant de grands cris, et resta ensuite prosterné et comme en extase, pendant quelques minutes. Les noirs le contemplaient avec un respect mêlé de terreur et ils s'inclinèrent tous sur son passage, quand il étendit sur eux ses longs bras, chargés d'anneaux de cuivre. J'essayai de pénétrer avec lui dans la cabane du chef, mais il s'y opposa résolument, et je ne connus la fin de la consultation que par notre interprète. Après avoir causé longuement avec la malade, le féticheur-médecin lui avait fait sur le cou et sur la poitrine, de nombreux dessins avec de la peinture, puis il avait recommencé les contorsions et les cris qui avaient précédé son entrée. Nous le vîmes bientôt sortir, accompagné du mari. Ce dernier lui témoignait la plus grande reconnaissance pour ses soins éclairés et chèrement payés, sans nul doute. Après avoir visité rapidement quelques malades de moindre importance, l'esculape bronzé disparut, en sautant et en chantant. Voulant terminer joyeusement une journée si bien commencée, il se rendait d'un pas léger au village de Daboitié, pour assister à un sacrifice humain.

Les noirs ont une foi aveugle dans ces charlatans jusqu'au jour où, trompés d'une manière trop évidente, ils se vengent en immolant le féticheur assez maladroit, pour revenir au milieu de ses dupes.

Quelques missionnaires ont cherché à propager chez ces tribus sauvages les sublimes vérités de notre religion, mais tout leur zèle n'a pu convertir un seul de nos voisins, qui ne virent en eux que des féticheurs blancs. Présentés par l'autorité supérieure, dans les villages de la lagune, ils y furent reçus avec le plus grand empressement, et leur costume noir excita, au plus haut degré, la curiosité des naturels. On les fit asseoir sur le banc réservé aux notables et on se groupa autour d'eux pour entendre leurs paroles, reproduites fidèlement par un de nos interprètes. Les noirs aiment les longs palabres, aussi écoutèrent-ils dans le plus profond silence, le missionnaire qui, le premier, voulut faire connaître à ces barbares les mystères du christianisme.

L'instruction terminée, les auditeurs se réunirent en groupes bruyants et commentèrent longuement le discours du blanc. Le chef s'avança ensuite vers l'orateur et lui parla à peu près en ces termes : « *Toi raconter belle histoire, toi amuser beaucoup nous, mais nous pas croïre bêtises comme ça. Si toi vouloir dire-encore grande histoire pour faire rire, nous donner à toi gros mouton.* »

Reconnaissant l'inutilité de leurs efforts, les

missionnaires, quittant le terrain religieux, cherchèrent à faire comprendre à ces anthropophages toute l'horreur de leurs repas sanglants, mais ils obtinrent invariablement la réponse suivante : « *Si toi manger une fois, toi pas parler comme ça.* »

Après de nouvelles tentatives, toujours suivies du même insuccès, il fallut renoncer à faire pénétrer la lumière chez des populations aussi bornées, et la mission rentra à Grand-Bassam, où presque tous ses membres moururent de la fièvre jaune, victimes inconnues de la plus sainte des causes.

L'alimentation des noirs est la même sur toute la côte de Guinée. Leur nourriture quotidienne se compose d'un mélange de maïs, de bananes et de poissons, connu sous le nom de *foutou-foutou*, dont les indigènes font des boulettes qu'ils trempent dans l'huile de palme. Cette huile est très-abondante dans le pays. Les forêts de la lagune renferment une quantité considérable de palmiers qui portent le fruit d'où on l'extrait, par une première pression exécutée sur place. Le naturel grimpe au sommet de ces arbres au moyen de tiges en fer dont il arme ses talons. Un coup de serpette fait tomber de grosses grappes ou régimes, d'un rouge brun. Les commerçants, parcourant la lagune avec de petites goëlettes, s'arrêtent devant chaque village où ils achètent l'huile au *krou*, mesure dont la capacité varie entre 25 et 30 litres. Le tonneau revient à 300 francs et se revend de 1,200 à 1,500 francs à Marseille.

Le commerce français est représenté à Grand-Bassam par une seule factorerie. Une maison hollandaise a reçu l'autorisation de s'établir à côté d'elle et de parcourir la lagune, sous notre pavillon. Malgré les avantages assurés à nos nationaux, ceux-ci se ruinent généralement, dans un pays où il leur serait si facile de s'enrichir. La cause de ces désastres financiers est bien simple. Les Français qui, depuis vingt ans, ont tenté la fortune à la Côte-d'Or, sont arrivés dans le pays avec des capitaux insuffisants et avec une ignorance complète des ressources et des besoins de la colonie. Un commerçant du Hâvre a dépensé 50,000 francs pour venir chercher à Grand-Bassam du coton, complétement inconnu dans nos parages.

L'Anglais, plus positif et plus sérieux, a su tirer un excellent parti de la situation, et, profitant de la sécurité qui existe autour de nous, il est venu s'installer avec ses bâtiments, à hauteur du centre de la lagune. De nombreux cadeaux offerts aux principaux traitants et un choix considérable de marchandises aimées des noirs, attirèrent bientôt ces derniers, qui délaissèrent peu à peu les commerçants français, toujours mal approvisionnés et voulant souvent réaliser des bénéfices exagérés. Les capitaines anglais viennent mouiller près des brisants, vis-à-vis des Jack-Jack, gros village peuplé de leurs courtiers qui achètent l'huile, l'ivoire et la poudre d'or, pour le compte de leurs correspondants.

En résumé, nous dépensons près de 200,000 fr. par an, pour garder des possessions dont l'entrée est exclusivement réservée à notre commerce et nous entretenons une garnison de 200 hommes sous un climat meurtrier, pendant que les Anglais s'enrichissent à notre nez et à notre barbe, sans qu'il leur en coûte un penny.

Il est fortement question d'ouvrir la lagune à tous les navires étrangers, moyennant un droit de douane, payable à l'entrée et proportionnel au tonnage. D'après les calculs les plus modérés, le produit de cette taxe couvrirait facilement nos dépenses à la Côte-d'Or. Le gouvernement français ferait bien d'adopter cette mesure, puisque notre commerce ne répond pas à ses sacrifices et qu'il tend même à disparaître complément de la colonie, au premier jour.

Il ne me reste plus qu'à vous parler de l'habillement des indigènes. J'ai devant moi une photographie prise par le commandant et représentant un groupe, composé d'un chef de village entouré de sa famille, des principaux traitants et d'une partie de la population : En la décrivant, je suis certain de vous donner une idée nette et exacte du costume de nos voisins.

Le chef, assis dans un fauteuil en bambou, porte avec fierté une casquette d'officier de marine, surmontée d'un pompon d'infanterie. Son corps disparaît sous une longue pièce de toile, rayée de grandes lignes rouges. Ses jambes et ses bras nus sont ornés de grands anneaux en ivoire et son cou est entouré d'une corde graisseuse, portant la grosse arête d'un poisson fétiche (le silure électrique). Sa femme, debout derrière lui, est presque nue : son habillement complet n'atteint certainement pas, en surface, la largeur de l'un de nos mouchoirs. Ses enfants, au nombre de cinq, portent pour tout vêtement, un petit collier en pierres bleues.

Deux des notables qui encadrent la famille du chef, sont dignes d'une description spéciale. L'un d'eux, le plus riche, porte avec une gravité des plus comiques, un vieux chapeau à haute forme, modèle 1817, dont les bords, larges comme un balcon, couvrent d'une ombre épaisse la moitié de son pagne. Le second est coiffé d'un de ces petits chapeaux de paille, entourés d'un ruban bleu, que portent nos jeunes filles, pendant l'été. Sa barbe blanche et ce chapeau d'enfant reposant sur une tête farouche, produisent un constraste singulier qui provoque de francs éclats de rire. Quant au menu peuple, il se contente généralement de la peau que dame nature lui a octroyée, à son entrée dans le monde.

. . . .

Je comptais terminer ma lettre en vous annonçant mon départ de la Côte-d'Or ; mais de graves événements y prolongeront mon séjour. L'amiral commandant la station navale et tous les établissements du golfe de Guinée et de l'équateur, est venu mouiller hier, devant Grand-Bassam. J'ai dû me rendre à bord de l'*Armorique* pour lui annoncer que notre commandant était dangereusement malade et qu'il ne pouvait continuer ses fonctions dans la colonie. Quelques jours après notre excursion dans la lagune, une fièvre très-violente s'était emparée de lui et le docteur craignait un accès pernicieux. Le capitaine détaché à Dabou depuis deux ans, atteint d'une dyssenterie qui réclamait un prompt départ, attendait avec impatience le passage d'un bâtiment de l'Etat. L'amiral m'apprit alors que j'étais nommé lieutenant au bataillon de tirailleurs sénégalais et m'offrit le commandement du poste de Dabou. Ne devant pas rentrer en France, je m'empressai d'accepter une position presque indépendante, dans un pays que je ne connaissais pas encore, et je remerciai vivement l'amiral de la confiance qu'il voulait bien me témoigner, en cette circonstance.

Je viens de serrer la main à mon commandant et à son collègue de Dabou qui nous quittent pour demander à l'air pur et vivifiant de la mer, une guérison que je leur souhaite du plus profond de mon cœur.

Je dois partir dans quelques jours pour ma nouvelle destination, et ma première lettre sera datée du poste de Dabou.

DABOU

(Avril 1866).

En me confiant le commandement du poste de Dabou, l'amiral m'a tracé, en termes généraux, la conduite que je devais tenir dans un pays entouré d'ennemis et éloigné de tout secours immédiat. Ses instructions, claires et précises, me sont parvenues quelques jours avant mon départ de Grand-Bassam ; j'espère en vous les communiquant vous faire apprécier exactement ma nouvelle position. En voici le résumé succinct :

« Vous êtes responsable de la sécurité de votre « poste et autant qu'il vous est possible, de la sé- « curité du territoire environnant. Dabou se « trouve, à cet égard, dans une position particu- « lière, à cause du voisinage des Boubourys, qui « ont fréquemment commis contre nous des actes « d'hostilité. Vous vous maintiendrez dans une « attitude purement défensive, les forces dont « nous disposons n'étant pas suffisantes pour « tenter un mouvement agressif. Je vous recom- « mande donc une grande vigilance et une sur- « veillance rigoureuse, afin de vous tenir en garde « contre les tentatives de l'ennemi. A cet effet, « vous tiendrez toujours dans l'intérieur du poste « un piquet prêt à prendre les armes, et vous « ordonnerez pour le service de jour et de nuit « quelques rondes et patrouilles, sans trop fatiguer « votre garnison, etc. »

Le poste de Dabou, dont j'ai pris le commandement le 11 février, est situé sur une colline élevée d'une trentaine de mètres au-dessus du niveau de la lagune. En face de nous, les eaux du lac, remuant follement sous la brise la plus légère, viennent expirer à quelques mètres du fort, bâti au fond d'une petite baie claire et riante ; à notre droite, le terrain rouge et pierreux, s'élève rapidement et montre, à travers la verdure, de larges rochers aux teintes capricieuses, dont les sommets aigus percent le feuillage d'arbres gigantesques. Les palmiers et les bananiers forment sur notre gauche, une ceinture sombre et épaisse qui ferme l'horizon, en longeant la route stratégique du poste. Ce dernier, entièrement bâti en pierres de taille, comprend un pavillon à galerie, une poudrière et une boulangerie. Son enceinte crénelée forme un carré de 50 mètres de côté, défendu par 4 canons, montés sur affûts marins. La garnison se compose de 70 tirailleurs sénégalais, de 2 sous-officiers et de 3 caporaux français. Un artilleur, spécialement chargé de la poudrière, veille avec le plus grand soin à la conservation de l'armement et des munitions. La troupe a été exercée, sous sa direction, à la manœuvre des pièces d'artillerie. Le service sanitaire est confié à un chirurgien auxiliaire de 3e classe, qui doit bientôt nous quitter pour se rendre au Gabon, où il est appelé à continuer ses services.

Le fort étant trop petit pour loger toute la garnison, on a dû créer un petit village au pied de la hauteur. Les tirailleurs mariés sont autorisés à y habiter avec leurs femmes et leurs enfants. Les célibataires occupent le rez-de-chaussée de notre pavillon et suffisent à la garde du poste. Un coup de clairon réunirait, d'ailleurs, en quelques minutes, tout le détachement.

J'ai trouvé le pays un peu agité et reconnaissant difficilement notre influence. La puissante tribu des Boubourys tenait constamment en éveil la faible garnison de Dabou. Ces noirs cruels et pillards, qui n'avaient jamais approuvé notre établissement dans la contrée, rendaient tout commerce impossible avec le haut de la lagune. Pendant la construction du poste, ils inquiétèrent souvent les travailleurs, qui durent quitter la pelle et la pioche pour faire le coup de feu contre nos voisins. On chercha à les apaiser, et après de nombreux palabres, on put croire à leurs protestations amicales, mais l'erreur ne fut pas de longue durée. Deux bateaux de commerce, protégés par une quinzaine de tirailleurs, ayant pénétré dans la grande baie des Boubourys, ceux-ci n'hésitèrent pas à les piller et à massacrer huit de nos soldats, descendus à terre pour assister à une fête du pays. A la suite de cet acte de cruauté et de perfidie, le ministre de la marine résolut d'infliger à ces populations barbares un juste et terrible châtiment. Il fut malheureusement impossible d'exécuter complétement nos projets de vengeance : on brûla les villages de Badou et de Mopoyem, situés sur les bords de la lagune, mais les coupables étaient réfugiés depuis longtemps au grand village de Bouboury-Bell, caché dans l'intérieur et réputé inaccessible. Reconnaissant que nous ne pouvions exécuter nos menaces, ces noirs redoublèrent d'audace depuis cette époque (1855). La hardiesse de nos ennemis devint si grande, qu'ils s'emparèrent du cheval de mon prédécesseur, sous les murs mêmes du poste. Ce vol, resté impuni, acheva de ruiner notre influence sur les villages environnants, et tous les malfaiteurs de la lagune choisirent Dabou pour théâtre de leurs exploits.

Dans les premiers jours de mon commandement, les crimes et les délits se succédaient avec la plus triste rapidité et, à chaque instant de la journée, de nouvelles plaintes m'arrivaient de toutes parts. Les femmes des tirailleurs, qui s'éloignaient pour chercher du bois ou de l'eau, revenaient, presque toutes, dévalisées et meurtries. Toutes les nuits les patrouilles, harcelées par des bandes de rôdeurs, faisaient usage de leurs armes et jetaient l'alarme dans le fort. Au premier coup de feu, nous nous précipitions à leur secours, mais nos ennemis, disparaissant dans la forêt, s'éloignaient rapidement pour recommencer bientôt leurs agressions qui, sans être dangereuses, nous avaient cependant déjà coûté quelques blessés.

Telle était la situation, lorsqu'en plein jour un tirailleur s'étant écarté de Dabou, malgré mes ordres, fut attaqué par trois indigènes qui l'assaillirent à coups de couteau. Seul et sans armes, notre soldat se défendit comme un lion et brisa la mâchoire de l'un des malfaiteurs avec le bâton qu'il tenait à la main; puis, saisissant le second par le cou, il l'amena, à moitié étranglé, jusque dans le jardin du poste, malgré les nombreuses blessures qu'il recevait de son troisième adversaire. Une partie de la garnison accourut à ses cris et le trouva ensanglanté et presque évanoui, mais tenant toujours son prisonnier d'une main crispée. Je fis aussitôt conduire en prison le bandit qui venait de tomber en notre pouvoir, et je félicitai vivement le tirailleur du courage qu'il avait montré, en cette circonstance. Après avoir constaté que ses blessures, quoique graves, n'étaient point mortelles, j'envoyai mon interprète prévenir les chefs des environs que je les attendais, le lendemain matin, pour leur communiquer d'importantes nouvelles.

Les noirs, dont la curiosité fut rapidement éveillée, accoururent, dès l'aube, pour connaître les suites de l'arrestation de leur compatriote. Malgré mon profond mépris pour les indigènes, je crus prudent de me mettre à l'abri de toute tentative de révolte, et je donnai l'ordre de charger à mitraille nos quatre canons dont la bouche fut tournée vers l'intérieur de l'enceinte. A 10 heures, les principaux chefs étant arrivés, je commençai l'interrogatoire de notre prisonnier, devant la foule qui avait reçu l'autorisation de pénétrer au milieu de nous. Les charges les plus accablantes pesaient déjà sur l'accusé, lorsqu'un de nos sergents le reconnut pour un habitant de Tiackba, que mon prédécesseur avait retenu en prison pendant plusieurs mois, à la suite d'une attaque à main armée, contre des hommes de son détachement. Une large cicatrice qu'il portait au cou ne laissait aucun doute sur son identité. Le criminel n'était donc pas à son coup d'essai, et il ne devait certainement la vie qu'à la trop grande bonté du commandant, dans les mains duquel il était tombé une première fois.

Après avoir mûrement réfléchi, convaincu de la nécessité d'imposer à nos ennemis par une décision énergique, j'ordonnai à l'interprète d'annoncer à haute voix que je condamnais le coupable à être fusillé. Un long murmure s'éleva aussitôt, mais à un signal convenu d'avance, les tirailleurs s'écartèrent et laissèrent apercevoir nos canons menaçants. A cette vue, les plus turbulents s'apaisèrent comme par enchantement et l'évacuation du poste eût lieu rapidement et sans accident. Les chefs seuls assistèrent à l'exécution, et je pus constater chez eux, après la mort du noir, un changement sensible dans leur conduite à mon égard. Ils me quittèrent en prononçant ces trois mots pleins d'espoir pour l'avenir : Toi, vrai commandant.

Je jouis bientôt aux environs d'une réputation terrible qui nous assura immédiatement, une tranquillité que Dabou ne connaissait plus depuis longtemps. L'effet produit sur les populations voisines s'étendit jusqu'à la province des Bouburys qui cessèrent, dès-lors, de venir rôder autour du poste. J'avais été assez heureux, dans l'arrestation précédente, pour m'emparer d'un noir du bas de la lagune, n'ayant aucun rapport de parenté ou d'amitié avec nos ennemis. Sans cette condition, il m'eut été impossible de donner un exemple aussi puissant, dans la crainte de faire révolter des tribus déjà hostiles.

Une nouvelle occasion d'affirmer mon autorité ne tarda pas à se présenter, et j'en profitai pour bien faire comprendre aux indigènes que j'entendais être le maître, dans la partie de la lagune placée sous ma surveillance.

Je vous ai déjà signalé la présence des Anglais vis-à-vis des Jack-Jack, village situé sur la langue de terre qui sépare la lagune de la mer. Sans être anglophobe comme le marquis de Boissy, je n'ai jamais aimé les fils d'Albion. Leur orgueil et leur esprit de domination m'ont toujours souverainement déplu, et j'étais bien décidé à ne point tolérer la moindre infraction de leur part, aux lois qui régissent nos possessions coloniales. Je les soupçonnais, depuis longtemps, de n'être pas étrangers aux troubles et aux attaques dont notre commerce avait tant souffert. Ils avaient, d'ailleurs, tout intérêt à soulever contre nous les noirs des environs, détenteurs de la majeure partie des richesses de la lagune, et à ruiner notre influence sur un pays dont ils avaient toujours convoité les immenses ressources.

Leurs courtiers des Jack-Jack affectaient envers nous, une indépendance qui touchait au mépris. Depuis quelque temps, j'apercevais dans le lointain des pirogues naviguant sous pavillon anglais, contrairement à nos prérogatives si chèrement payées chaque année, tant par la mortalité que par les grandes dépenses, résultant de notre occupation.

Je fis de nombreuses observations, mais personne n'en tînt compte. Un jour, une embarcation chargée d'énormes tonneaux d'huile, passant avec affectation dans notre voisinage, pour nous montrer ses couleurs anglaises, je lui envoyai un premier boulet, à vingt mètres de son avant. Les noirs sautèrent à l'eau et gagnèrent la rive à la nage, pendant qu'un second coup de canon coulait la pirogue et entraînait au fond de la lagune le pavillon britannique. Les naufragés vinrent me trouver, après avoir opéré le sauvetage de leurs barriques et me menacèrent de la vengeance des Anglais. Je leur tournai le dos en riant et en les priant d'aller gémir au large, sous peine de faire connaissance avec Diamadoa, l'exécuteur chargé de la distribution des coups de corde.

Depuis ce temps, notre pavillon flotte seul sur la lagune et les naturels commencent à comprendre qu'il leur faut compter avec nous. Ces actes de sévérité éloignèrent les indigènes du poste de Dabou pendant un grand mois, mais, grâce à de nombreux cadeaux et aux bonnes paroles que mon interprète porta dans les villages voisins, la confiance se rétablit et les relations devinrent fréquentes et amicales avec les environs. Une partie de mes projets était réalisée, mais tout en ayant agi selon ma conscience, j'avais assumé une bien grande responsabilité et il me tardait de connaître l'opinion de l'amiral sur ma conduite, dans ces circonstances pénibles. J'étais bien décidé à me démettre de mes fonctions dans le cas où mon supérieur m'aurait désapprouvé. J'entendais avoir un commandement sérieux et respecté de tous, ou rentrer dans les modestes attributions de mon grade. Mon inquiétude ne fut pas de longue durée, car, le 25 avril, l'amiral, accompagné de son état-major, étant venu inspecter les établissements de la Côte-d'Or, monta jusqu'à Dabou, et, après avoir pris connaissance des faits, me laissa avant son départ la lettre suivante que je vous transcris fidèlement :

« Dabou, 28 Mars 1866,

« MONSIEUR LE COMMANDANT,

« Après avoir passé l'inspection du fort de Dabou
« que vous commandez, il m'est agréable d'avoir
« à vous adresser des éloges sur la bonne tenue de
« ce poste et sur la fermeté que vous avez déployée
« en faisant justice sommaire d'un brigand incor-
« rigible.

« Continuez à tenir votre poste sur un pied
« militaire, mais en même temps, appliquez-vous à
« calmer les excitations qui ont pu se produire
« dans le rayon de votre commandement. Le
« commerce est ennemi des troubles ; assurez les
« chefs sérieux que je ferai des efforts pour ra-

« mener au milieu d'eux des négociants, ainsi qu'ils
« m'en ont témoigné le désir.

« Recevez, etc., etc.

« *Le contre-amiral, commandant en chef,*

« Signé : Vte FLEURIOT DE LANGLE. »

Pendant le séjour de l'amiral, tous les chefs des environs sont venus faire acte de soumission et se prosterner devant le grand chef des blancs; qui a pu constater par lui-même, la reprise des transactions commerciales. J'ai donc le droit de me réjouir au point de vue politique, mais je vous avoue que j'ai renoncé pour quelque temps à m'occuper des affaires du pays : J'appartiens, tout entier, à un ancien camarade que vous n'avez pas encore eu le temps d'oublier complétement. Mon bon et joyeux compagnon (*) de Podor vient de débarquer et doit être chargé, pendant toute une année, du service de santé au poste de Dabou. Un ami aux colonies, et surtout dans l'isolement où je me trouve aujourd'hui, c'est un frère que le ciel m'envoie, et je termine ma lettre pour aller causer longuement avec mon cher docteur et lui demander des nouvelles du pauvre capitaine Verduret.

(*) M. Moreau, chirurgien de la marine, mon cher et digne compagnon de Podor et de Dabou, est mort le 2 février 1873, de fièvres paludéennes, contractées en Cochinchine.

Dabou (Juillet 1866).

M. L..., dont vous connaissez les opinions avancées, prétend que nous descendons du singe en ligne... quelque peu brisée, sans doute. Il me semble que ce philosophe, après avoir fait table rase des croyances antérieures, aurait pu accorder à notre pauvre humanité une origine un peu moins vulgaire et moins humiliante pour nous. Les méchantes langues insinuent que le futur académicien, maltraité par la nature, a dû trouver en lui des raisons toutes personnelles, pour admettre une hypothèse qui ne le fera jamais chérir de la plus moitié du genre humain. J'ai ri bien souvent en songeant à l'embarras dans lequel tomberait ce savant, s'il était transporté au sein des forêts qui nous entourent, par le pouvoir magique de quelque fée malicieuse. Comment pourrait-il reconnaître dans les mille espèces variées de singes qui bondissent dans le vert feuillage, celle qui a eu l'honneur insigne de posséder ses aïeux ? Je suis persuadé que parmi les sujets qui attireraient son attention, les deux singes que je vais vous dépeindre seraient certainement, de sa part, l'objet d'une tendresse toute filiale.

Il ne saurait, en vérité, entendre sans émotion, les cris plaintifs du chimpanzé qui simulent, à s'y méprendre, les vagissements d'un enfant nouveau-né. Resterait-il insensible à la vue de ce quadrumane, berçant doucement sa progéniture dans ses bras longs et velus ? Non sans doute, et des larmes d'attendrissement couleraient en abondance sur ses joues creusées par le travail, en contemplant ce singulier animal dont les allures presque humaines viennent si bien à l'appui de ses étranges théories. Nous possédions à Grand-Bassam, un spécimen de cette curieuse espèce, qui faisait la joie et l'admiration de tous les habitants du comptoir. Un tirailleur lui avait appris à marcher debout, appuyé sur un bâton, et à manger avec une cuiller et une fourchette. Rien de plus comique que ce grave chimpanzé, assis sur un banc, prenant ses repas à l'instar de l'homme et buvant un verre de vin, avec la sage lenteur d'un gourmet distingué.

Je caresse en ce moment le second singe, d'espèce toute différente, que j'ai promis de vous faire connaître. Ce charmant petit animal, haut de 30 centimètres environ, répond au nom peu harmonieux de *Cri-Cri*. J'ignore dans quelle classe la science l'a fait entrer et je vous le présente, en conséquence sans étiquette officielle.

Cri-cri est d'un poil brun-foncé, sa queue, plus

longue que son corps, se termine par une petite touffe noire qu'il agite dans tous les sens, et sa face grimaçante, encadrée dans un épais collier de barbe blanche, ressemble à la figure d'un petit vieux, ratatinée par l'âge et par les souffrances. Mais ce qui le distingue principalement de ses frères, c'est une petite tache ronde, d'une blancheur éblouissante, placée au bout de son noir museau, qui lui a fait donner dans le pays le nom vulgaire de *pain à cacheter*. Le singe, comme vous le savez, s'apprivoise difficilement et cherche toujours à reprendre le chemin des bois, aussi suis-je obligé de tenir mon petit compagnon à l'attache. Le matin, le sergent distributeur l'emmène avec lui, et chaque tirailleur, en sortant du magasin, lui donne, qui un peu de riz, qui un peu de cassonnade, régal favori de la gentille petite bête. Tout le monde le flatte : c'est le singe du commandant. Le soir, dans mes promenades avec le chirurgien du poste, Cri-Cri, retenu par une longue corde, bondit sans cesse de nos épaules dans les bananiers et les goyaviers, d'où il revient chargé d'un nombreux et friand butin. Nous supposons qu'une immersion prolongée a attristé sa jeunesse, car il pousse des cris lamentables quand il aperçoit le canot qui doit nous emporter au large, à la recherche de la brise de la mer. Son caractère laisse, d'ailleurs, quelquefois à désirer et, dans ses moments de mauvaise humeur, Cri-Cri abuse de la légèreté du costume des indigènes pour courir après tous les mollets qui passent à sa portée, et pour y incruster ses petites dents blanches et pointues.

Dans nos contrées, les singes n'atteignent jamais la taille et la force de ceux du Sénégal et du Gabon. J'ai entendu raconter par un de mes camarades détaché au poste de Bakel, situé dans le haut du fleuve, que des singes, d'un mètre de hauteur, venaient par grandes bandes se désaltérer, matin et soir, sur les rives du Sénégal. Les noirs les évitent avec le plus grand soin, et les négresses les fuient avec le même empressement que la chaste Suzanne mettait à se dérober aux poursuites amoureuses des deux vieillards. Le singe du Sénégal est, paraît-il, fort entreprenant et a un goût très-prononcé pour les dames du pays.

Le Gabon, possession française située à quelques minutes de l'équateur, est le seul pays connu possédant le gorille, le plus terrible de tous les singes. On prétend qu'il se bat debout comme l'homme et qu'il attaque les animaux les plus féroces, dont il est souvent vainqueur, grâce surtout, à son agilité extraordinaire qui le dérobe aux coups de ses ennemis. On ne possède pas en

France de type vivant de cette espèce qui tend à disparaître de jour en jour, et ce n'est que d'après son squelette que l'on a pu juger de la taille et des membres du gorille. Les plus belles promesses ne décideront jamais les noirs à le poursuivre au fond des bois, et tout porte à croire que de longtemps, nous ne pourrons le contempler en vie.

Quant aux grosses bêtes fauves, elles sont très-rares dans nos environs et paraissent craindre le voisinage de l'homme. Fuyant notre terrain marécageux, elles peuplent sans doute les plaines boisées du plateau supérieur, d'où s'échappent en bondissant, les nombreux torrents qui nous inondent pendant la moitié de l'année.

L'once vit cependant au milieu de nous et cause de grands ravages dans notre bergerie et dans notre poulailler. Altérée de sang, comme le tigre royal, elle ouvre les veines de ses victimes et abandonne ensuite leurs cadavres, qui deviennent la proie du chacal et de l'hyène aux allures sournoises et inquiètes. Son corps mince et souple lui permet de pénétrer par les plus petites ouvertures, et elle n'hésite pas à s'introduire en plein jour, dans les cases des noirs, pour y chercher une pâture qu'elle emporte au sommet des arbres, avec l'agilité d'un chat. Les naturels savent qu'elle guette sans cesse leurs enfants en bas âge, aussi la mère vaquet-elle aux soins du ménage, en portant constamment sa progéniture, dans un pagne noué autour de ses flancs. L'once n'attaque jamais l'homme et s'enfuit à son approche.

Si le tigre, la panthère et l'éléphant s'éloignent de nous, en revanche le serpent paraît avoir élu domicile dans les environs de Dabou. Il est rare que dans nos excursions journalières nous n'apercevions pas quelques uns de ces reptiles, se glissant dans les hautes herbes ou avançant leurs têtes plates et triangulaires, à travers les larges feuilles des bananiers. Dès que le soleil a disparu au-dessous de l'horizon, les serpents commencent leur promenade nocturne et se dressent, en sifflant, sous les pas de l'imprudent qui les trouble dans leurs sinistres évolutions. Lorsque nous sortons du poste, pendant la nuit, le fanal qui nous éclaire et les cris des noirs qui nous précèdent, mettent en fuite ces animaux craintifs, et nous ne connaissons leur présence que par les sifflements qui signalent leur retraite.

De tous les serpents, le boa est certainement le plus redoutable, car, loin de fuir l'homme, il se précipite sur lui, par bonds gigantesques. Dès que sa présence est signalée aux alentours d'un village, les noirs attachent à un piquet un veau ou un mouton destiné à attirer l'attention du monstre.

Ce dernier se précipite sur l'appât, le broie d'une première étreinte et l'engloutit avec voracité, après l'avoir soigneusement pétri et recouvert d'une bave verdâtre. La digestion est à peine commencée que les naturels accourent en foule, et dansent ironiquement autour de leur ennemi engourdi et réduit à l'impuissance la plus complète. Le chef du village de Débrimou m'a apporté, il y a quelques jours, une peau de boa mesurant plus de dix mètres de longueur. L'imagination s'effraie de la possibilité de rencontrer de pareilles masses vivantes et douées d'une agilité des plus grandes. Ces serpents monstrueux sont fort rares et habitent presque tous dans les grandes forêts, où ils trouvent une nourriture capable de satisfaire leur appétit formidable.

Les bords de la lagune sont aussi dangereux que l'intérieur des terres et sont même plus redoutables pour nous, puisque le lac est notre grande voie de communication.

Dès l'aurore, les troncs d'arbres penchés sur ses eaux, se couvrent de longs caïmans qui se chauffent aux rayons du soleil levant et guettent leur proie, dans une immobilité absolue. La couleur de leur peau, couverte d'écailles, ressemble tellement à celle des arbres séculaires sur lesquels ils sont couchés, que l'on passe souvent à côté d'eux sans les reconnaître. A peine est-on éloigné de quelques mètres, qu'un bruit sourd vous apprend que le monstre effrayé, vient de disparaître dans les profondeurs de la lagune.

Le rhinocéros et l'hippopotame fréquentent plus généralement les rivières voisines et paraissent affectionner les terrains boueux et couverts de roseaux. Plus hardis que les caïmans, ils poursuivent les pirogues, les font chavirer et se jettent sur les noirs qu'ils traînent, tout sanglants, jusque dans leurs repaires. Les grands canots ne sont pas toujours à l'abri de leurs attaques et il a fallu, bien souvent, repousser à coups de carabine, ces animaux aussi féroces que hideux. Leur peau rugueuse, repliée plusieurs fois sur elle-même, forme une épaisse cuirasse, à l'épreuve de la balle, et ce n'est qu'en tirant dans les yeux ou dans la gueule qu'on peut espérer les blesser mortellement.

La lagune renferme dans son sein un grand nombre de poissons, aux formes repoussantes, qui doivent être complétement dépourvus de tout nom scientifique. Les naturels les mangent sans la moindre répugnance et ne rejettent à l'eau que le silure électrique, qu'ils ont transformé en fétiche.

En parcourant la longue liste de nos terribles ennemis, vous pourriez être tenté de croire que nous vivons dans une inquiétude continuelle et que nous prenons les plus grandes précautions pour les éviter ; il n'en est rien cependant et nous oublions souvent les énormes pachydermes qui nous entourent, pour nous occuper d'un petit insecte à peine visible, la fourmi blanche, mille fois plus redoutable pour nous que les animaux les plus cruels. Nous ne pouvons vivre en sécurité qu'à la condition de surveiller tous ses mouvements et de nous mettre à l'abri de ses attaques. Nos lits, nos meubles plongent leurs pieds dans des godets pleins de goudron ou de térébenthine, destinés à éloigner ce terrible ravageur. Les métaux et la pierre résistent seuls à son action destructive, et le bois le plus épais est percé en une nuit.

Les fourmis blanches marchent en troupe compacte et suivent exactement le chemin tracé par l'avant-garde. La largeur de la colonne varie entre 30 et 50 centimètres et sa longueur est telle que le défilé dure quelquefois pendant des jours entiers. Nous respectons, avec le plus grand soin, ces émigrations qui nous délivrent d'un nombre incalculable d'ennemis, et nous enlevons tous les obstacles qui pourraient s'opposer au départ de ces maudits insectes. Si par un accident quelconque, ces nombreux bataillons se dispersaient dans le fort, je ne sais réellement pas comment nous ferions pour nous en débarrasser. Le feu serait moins dangereux qu'une pareille invasion qui avarierait, en quelques heures, toutes les provisions contenues dans notre magasin. J'ai mangé à Grand-Bassam du pain fait avec de la farine infectée de fourmis, et je vous assure que j'éviterai, autant que possible, une nouvelle expérience du même genre. Aussi, le docteur et moi, nous ne laissons pas écouler une journée sans passer une inspection sévère du réduit où sont renfermés nos vivres pour toute l'année.

Je comptais terminer ma lettre en vous donnant mon opinion sur l'existence d'une race blanche qui habiterait, d'après les récits des noirs, la partie centrale de l'Afrique, mais je préfère attendre de nouveaux renseignements avant de me prononcer sur une question aussi étrange que mystérieuse. J'entends d'ailleurs notre chirurgien qui chante, non sans une légère émotion :

« Vous que j'appris à pleurer sur la France,
« Dites surtout aux fils des nouveaux preux
« Que j'ai chanté la gloire et l'espérance
« Pour consoler mon pays malheureux.
« Répétez-leur que l'aquilon terrible
« De nos lauriers a détruit vingt moissons,
« Et bonne vieille au coin d'un feu paisible,
« De votre ami répétez les chansons. »

Paroles et musique, tout m'entraîne, et je vais joindre ma voix si fausse à celle plus fausse encore de mon ami. — Béranger, si indulgent sur cette terre, ne saurait être devenu bien sévère dans les régions célestes, et il nous pardonnera nos accords peu harmonieux, en faveur de notre admiration profonde et sincère pour le grand chansonnier, que la France oublie en chantant des inepties comme le *Pied qui remue* et le *Jeune homme empoisonné.*

Dabou (Août 1866).

Je suis enfin parvenu à atteindre le but que je me proposais depuis longtemps : la paix est à peu près conclue avec la puissante tribu des Boubourys et notre commerce trouvera bientôt dans leur baie des ressources considérables, si longtemps perdues pour nous. Dès mon arrivée à Dabou, je m'étais vivement préoccupé de cette grave question, et j'avais trouvé, en compulsant les archives du poste, de précieux renseignements sur nos ennemis.

Je me rendis bientôt un compte très-exact de leurs relations avec les tribus voisines et de la situation géographique de leurs villages. D'après les bruits qui vinrent jusqu'à moi, les habitants de Boubourry-Bell, résidence de leur chef Bandio, étaient partagés en deux camps d'opinions toutes différentes : l'un nous était complétement hostile, tandis que l'autre, craignant de sanglantes représailles, s'était toujours opposé aux attaques dirigées contre notre faible garnison. Un tirailleur, déserteur depuis plusieurs années, vivait au milieu d'eux et cherchait à les entraîner dans une manifestation sérieuse contre nous, mais la terrible punition infligée tout récemment à l'un de leurs semblables, refroidissait singulièrement leur ardeur, et tout me portait à croire qu'ils se trouvaient dans cette période d'incertitude pendant laquelle les hommes hésitent entre la paix et la guerre.

Je résolus de profiter d'une légère amélioration dans l'état de ma santé, pour tenter un rapprochement destiné à étendre nos relations commerciales et à assurer notre sécurité dans toute la lagune. Il ne fallait pas espérer attirer au poste le chef Bandio, gravement compromis dans l'attentat de 1855. Je ne pouvais l'aborder qu'en pénétrant jusqu'à Bouboury-Bell. L'accueil fait aux huit tirailleurs mis en pièces, quelque dix ans auparavant, m'inquiétait bien un peu, mais un pressentiment de bon augure me poussait en avant, en me promettant un succès complet.

Dès que ma résolution fut bien arrêtée, je cherchai autour de moi un compagnon de voyage. Je n'hésitai pas longtemps et je m'adressai à l'un de nos sergents, jeune mulâtre servant au titre indigène. Ce sous-officier, que j'avais toujours traité plutôt en camarade qu'en inférieur, écouta d'abord ma proposition avec un profond étonnement, mais quand il me vit bien décidé à me rendre au milieu des Bouburys, il se déclara prêt à me suivre partout où je voudrais le conduire. Plein de santé et d'énergie, vivant depuis son enfance avec les noirs, connaissant un peu leur idiôme, il devait m'être du plus grand secours dans l'accomplissement de la tâche que je m'étais imposée. Je dois vous avouer, d'ailleurs, que je n'aurais jamais osé me présenter devant mes ennemis sans avoir à mes côtés, au moment du danger, un second dévoué et capable de me soutenir dans les épreuves que nous étions appelés à traverser.

Il fut convenu que nous partirions sans armes, n'emmenant avec nous que les hommes nécessaires au service de notre embarcation. Nous ne pouvions réussir que par des moyens tout pacifiques et il nous paraissait dangereux d'exciter la méfiance des indigènes, par l'exhibition d'une troupe armée.

Le docteur, seul, connaissait nos intentions. Son séjour prolongé dans les colonies lui permit de nous donner de sages conseils, et ce fut lui qui nous engagea à partir pendant la nuit, pour arriver au point du jour près des rives ennemies. Le noir, comme vous le savez, tremble au milieu des ténèbres, toujours pleines pour lui d'esprits malfaisants et s'enferme dans sa hutte dès le coucher du soleil; nous étions donc certains, en voyageant ainsi, d'éviter toute mauvaise rencontre qui aurait pu faire échouer notre tentative, avant notre arrivée au fond de la baie des Boubourys, éloignée de quatre lieues environ du poste de Dabou.

Huit Kroumens (hommes de la côte de Krou) (*) furent désignés pour conduire notre pirogue, et nous partîmes vers deux heures du matin, après avoir serré la main à notre excellent docteur, qui nous suivit longtemps du regard sur la plaine liquide où nous voguions dans le plus profond silence.

A notre sortie de la petite baie de Dabou, les Kroumens, ignorant mes desseins, voulurent prendre la direction de Grand-Bassam et poussèrent des cris de terreur, lorsque je leur ordonnai de se diriger vers la partie supérieure de la lagune où habitaient nos ennemis. Je leur offris en vain de l'argent et de l'eau-de-vie, ils furent

(*) Le pays de Krou est situé à l'est de nos possessions équatoriales. Ses habitants sont aussi travailleurs et aussi soumis que les naturels de la Côte d'Or (Buschmens) sont paresseux et récalcitrants.

sourds aux plus belles promesses et refusèrent, à l'unanimité, d'exécuter mes ordres. Je connaissais depuis longtemps la pusillanimité de ces noirs, taillés en hercule et peureux comme des enfants, et leur refus ne m'étonna guère; mais, comme je ne voulais pas perdre un temps précieux à discuter avec eux, je les prévins qu'ils seraient fusillés jusqu'au dernier, s'ils retournaient à Dabou.

Ils furent bien tentés pendant un moment (ils nous l'avouèrent au retour), de m'abandonner avec mon sergent et de se sauver à la nage jusqu'au village des Jack-Jack, mais la crainte de perdre leurs économies, déposées entre les mains de l'aide-commissaire de Grand-Bassam, les empêcha de prendre la fuite. Le Kroumen, loué pour deux ans par l'autorité française, s'expatrie pour gagner péniblement une faible somme d'argent, qu'il rapporte fidèlement à sa famille. Mes piroguiers étaient sur le point de terminer leur deuxième année de service, et malgré leur effroi, ils ne purent se décider à renoncer à la possession du petit pécule destiné à leur assurer un certain bien-être, dans le pays natal. Après avoir encore hésité pendant quelque temps, ils finirent par céder à mes menaces et se décidèrent à suivre, dans le plus profond silence et à cinquante mètres de distance environ, la rive sombre et boisée d'où le chef kroumen croyait voir, à chaque instant, une pirogue de guerre s'élancer contre notre faible embarcation.

A 5 heures, nous entrions dans la baie ennemie. Les noirs retenaient leur respiration pour mieux entendre les faibles rumeurs qui signalent toujours le réveil de la nature, et mon sergent fouillait d'un œil ardent l'obscurité que l'aurore naissante commençait à dissiper. Le soleil dorait déjà de ses premiers rayons les eaux calmes et limpides de la lagune lorsque nous débarquâmes au village de Badou, théâtre du crime de 1855. Nos Kroumens refusèrent, tout d'abord, de descendre à terre et voulaient rester dans la pirogue, mais ils se groupèrent bientôt autour du sergent et marchèrent ensuite constamment sur notre ombre. Le village dormait encore et nous ne rencontrâmes qu'une vieille négresse qui recula épouvantée à notre aspect : c'était la première fois, sans doute, qu'elle apercevait un blanc. Notre interprète lui demanda de nous indiquer la case du chef qu'elle nous désigna d'un air hébété, et nous la vîmes disparaître dans un groupe d'habitations d'où sortirent aussitôt les cris de : voilà les blancs, voilà les soldats! En même temps le tam-tam de guerre, aux sons rauques et précipités, appelait aux armes tous les hommes valides. Je hâtais la marche et en un clin d'œil, nous nous précipitions dans la case du chef, au milieu des noirs armés de piques et de fusils. J'ordonnai alors à notre interprète de répéter plusieurs fois et sur un ton élevé : *le blanc veut parler au chef.*

Ce dernier, qui paraissait très-âgé et très-souffrant, obtint le silence en avançant sa main décharnée vers la foule, et je pus lui expliquer mes intentions pacifiques et lui témoigner mon désir de voir de bonnes relations succéder à celles que nous devions tous oublier. Il m'écouta d'un air triste et digne, hocha la tête et me répondit qu'il n'était qu'un petit chef, dépendant complétement de son supérieur Bandio. Il ajouta qu'il empêcherait son village de nous attaquer, mais à la condition d'un départ immédiat. Je lui dis qu'un blanc ne reculait pas ainsi et que j'étais décidé à pénétrer jusqu'à Bouboury-Bell pour y chercher le roi du pays. A peine l'interprète eut-il traduit mes paroles, que le chef, s'animant tout à coup, prononça plusieurs fois, avec véhémence, les mots suivants : « Bouboury-Bell pas bon pour blanc, noir couper le cou. » Un geste sinistre accompagnait sa phrase et nous indiquait clairement sa pensée.

Je lui offris quelques petits cadeaux et je finis, après de nombreuses prières et de magnifiques promesses, par obtenir un guide chargé de nous mettre sur la route du grand village. Nous arrivâmes rapidement, à travers les hautes herbes, à Mopoyem, débarcadère de Bouboury-Bell : toute la population, prévenue avec une rapidité surprenante, nous attendait sous les armes. Le plus grand silence règnait dans la foule. Où vas-tu ainsi ? me demanda le chef. A Bouboury-Bell, lui répondis-je. Il se retira un instant pour consulter les principaux habitants et revint me déclarer qu'il fallait retourner immédiatement à notre pirogue. Il ne voulut écouter aucune observation et me poussa dans la direction de Badou. Je me retournai vivement et faisant signe au sergent de me suivre, j'enfilai rapidement la grande rue du village qui devait, d'après mes renseignements, me conduire à la résidence de Bandio. A peine avions-nous fait quelques pas dans cette nouvelle direction que nous fûmes entourés par une bande de noirs, et jetés dans une case isolée. Nous restâmes ainsi enfermés pendant deux longues heures, privés de notre interprète et séparés des Kroumens dont nous ignorions le sort. Le sergent cherchait en vain, à comprendre les bruyantes clameurs qui arrivaient jusqu'à nous et nous commencions à faire de tristes réflexions, lorsque la petite porte de notre prison s'ouvrit brusquement : deux noirs, de haute stature, entrèrent en se courbant et s'enfermèrent avec nous, après avoir chassé la foule agitée et menaçante qui voulait les suivre.

L'un d'eux portait autour du cou un anneau de fer, symbole du commandement sur toute la côte de Guinée, et son nom, acclamé par les indigènes, ne pouvait nous laisser le moindre doute sur son identité. J'étais en présence de Bandio, le chef absolu et redouté de la province des Boubourys. J'appris plus tard que son compagnon, nommé Yet, le suivait en qualité de notable. Après avoir promené sur nous un long regard de surprise et de méfiance, Bandio prononça quelques paroles à voix basse et son inférieur disparut, pour rentrer bientôt avec notre jeune interprète. Ce dernier, écoutant avec une attention craintive les demandes de notre ennemi, nous les reproduisait fidèlement. « Où sont tes soldats ? Que viens-tu chercher au milieu de nous ? Ne sais-tu pas que j'ai juré la mort de tous les blancs qui tenteraient de découvrir le chemin de Boubourv-Bell. » Telles furent les questions que m'adressa tout d'abord Bandio avec une rapidité fébrile. Je lui répondis qu'il avait dû apercevoir dans le village les huit Kroumens qui me servaient d'escorte. Il leva les épaules en signe de mépris pour de pareils défenseurs et nous ordonna de lui remettre nos armes. Nous lui fîmes facilement comprendre que nous étions dépourvus de tout moyen de défense et je surpris alors sur son visage une émotion qu'il ne put cacher, malgré sa profonde dissimulation.

Profitant de l'impression favorable produite par mes réponses, je repris la parole pour lui expliquer le but de mon voyage, et pendant une heure, je luttai sans relâche contre mon adversaire que je finis par convaincre de ma bonne foi. Il me serait impossible de retrouver aujourd'hui les arguments qu'il me fallut employer dans ce moment critique, pour faire comprendre à ce noir, aussi rusé que méfiant, qu'il avait tout intérêt, comme grand chef et surtout comme grand commerçant, à conclure la paix avec nous. Je sus l'éblouir par des promesses de cadeaux splendides et je lui citai d'autres chefs, amis des blancs, qui recevaient une pension de la France pour favoriser et protéger notre commerce. Je m'engageai à faire tous mes efforts auprès de l'amiral pour lui assurer une gratification annuelle. J'avais appris qu'il possédait un grand nombre d'esclaves et qu'il entassait, depuis plusieurs années, des produits dont il ne trouvait pas un placement suffisamment rémunérateur, et je lui promis le retour prochain de nos bateaux de commerce, dans le cas où il se déciderait à se rallier loyalement à nous.

Le chef était convaincu, mais pourrait-il entraîner sa tribu dans la voie pacifique où il s'engageait? Je n'en doutai pas en voyant l'énergie presque féroce peinte sur sa figure.

Pendant notre long palabre, les cris avaient entièrement cessé; ils recommencèrent avec fureur à notre sortie, et il y eut dans la foule comme un élan spontané pour se précipiter sur nous. C'est en ce moment d'effervescence que je reconnus que Bandio dominait ses sujets d'une manière absolue. Il nous fraya un passage à travers les noirs en frappant vigoureusement les récalcitrants, et, sur un ordre de lui, bref et hautain, on amena nos huit Kroumens qui tremblaient de tous leurs membres. Il ne put s'empêcher de sourire en les contemplant et murmura quelques paroles de dédain. Suivi de Yet, il voulut nous accompagner jusqu'à Badou et il assista à notre départ après m'avoir recommandé de revenir dans quinze jours. Pendant ce temps, il devait raconter notre entretien à sa tribu et prendre une décision qu'il me communiquerait à ma prochaine visite.

Notre pirogue, lancée à toute vitesse par les Kroumens dont la peur doublait les forces, nous amena rapidement en vue du poste de Dabou. Notre petite voile triangulaire avait été signalée depuis une demi-heure et toute la garnison nous attendait au débarcadère. Les acclamations des tirailleurs nous sortirent de l'abattement dans lequel nous étions tombés pendant le retour. Du fond de la baie des Bouburys, jusqu'au pied du fort, nous étions restés silencieux et comme accablés sous le poids d'une émotion que dissipa entièrement la joie bruyante de notre chirurgien. Mon voyage a été rapidement connu de tous les noirs des environs et les chefs voisins s'inclinent, à l'envi, devant l'ami de Bandio.

Je viens d'écrire à l'amiral pour lui annoncer le résultat de mes démarches auprès des Bouburys. J'ai cru devoir lui adresser ma lettre, par la voie anglaise, sans la faire passer sous les yeux de mon chef immédiat, le nouveau commandant de Grand-Bassam, qui aurait pu être tenté de marcher sur mes brisées et de m'enlever la satisfaction de terminer seul ce que j'ai commencé sans lui. J'allais lui demander naïvement son concours, lorsque le souvenir de l'anecdote suivante m'a fait éviter cette imprudence.

Deux savants que la France est fière de compter parmi ses enfants, le baron Thénard et Gay-Lussac, travaillaient depuis longtemps à un grand ouvrage scientifique. Les deux amis déployaient un zèle infatigable et se réjouissaient du succès certain d'une œuvre appelée à attirer l'attention du monde entier. Le dernier chapitre venait d'être terminé, lorsqu'une perte douloureuse appela Gay-Lussac au fond de la Bretagne. Le baron Thénard porte aussitôt le manuscrit chez l'imprimeur, corrige les épreuves avec le plus grand soin, et place son nom, accompagné de tous ses titres, en tête de l'ouvrage qu'il dédie... à son collaborateur Gay-Lussac.

Je vous quitte pour terminer un marché des plus importants pour nous : il s'agit d'acheter au chef de Débrimou deux belles vaches laitières que je convoite depuis longtemps, dans l'intérêt de nos malades. Mon vendeur est un fieffé coquin qui, ne pouvant plus faire la traite des nègres, s'en console en nous livrant des bœufs à un prix exorbitant, et en mangeant les esclaves dont il ne trouve plus le placement. Je suis certain d'être trompé, mais qu'y faire? La nécessité parle : il faut lui obéir. Que le bon français qui n'a jamais été volé me jette la première pierre !

Post-scriptum. — Le docteur est venu me réveiller au milieu de la nuit pour m'annoncer l'arrivée du courrier. Les nouvelles politiques nous ont cruellement attristé. La victoire de Sadowa nous frappe au cœur. L'armée autrichienne, écrasée par un ennemi mieux armé et supérieur en nombre, a succombé après une lutte héroïque, tandis ıe la France est vaincue sans avoir brûlé une .rtouche.

Sommes-nous donc devenus les Turcs de l'Oclent, et assisterons-nous, impassibles et endoris comme des mangeurs d'opium, au bouleverment de l'Europe? On se croit donc encore au ndemain d'Iéna! Nous vivons dans d'étranges usions; que Dieu nous épargne un réveil trop uel.

Nous oublions que nous avons près de nous une .nemie terrible et implacable. La Prusse entière ›us hait; ses enfants apprennent à nous maudire r les bancs des écoles, et les vieillards, témoins ›s désastres de 1806, prêchent la guerre sainte ntre la France impie.

Notre brillante réputation militaire n'est pas la ule cause de la haine de nos voisins contre notre .trie : ce qu'ils lui pardonnent le moins, c'est ;clat d'une civilisation qu'ils nous envient, tout ı l'accablant de leurs dédains et de leurs lourdes aisanteries. Paris, qui attire tous les peuples par n élégance merveilleuse et par ses trésors artisques, offusque Berlin où règne un luxe de mau.is goût, voilant à peine la misère et la grossièreté lemandes.

Le Comte de Bismarck, le véritable roi de :usse, nous a fait connaître, tout dernièrement, en quelques mots, l'opinion de ses compatriotes sur notre nation : « C'est un peuple de coiffeurs, de cuisiniers et d'avocats, » a-t-il dit, en buvant à grands traits le mélange bizarre de vin et de limonade dont il fait sa boisson favorite. « D'ailleurs tous *Peaux-Rouges*, » s'empressa-t-il d'ajouter, en posant sur sa table le hanap complétement vide.

Notre armée détruite à Waterloo, la France mutilée par les traités de 1815, la longue et cruelle agonie de Napoléon Ier, un milliard enlevé à notre épargne, rien n'a pu assouvir la haine de l'Allemagne contre nous, et chaque jour, ses écrivains et ses orateurs attaquent notre vie privée avec autant d'esprit que de générosité.

Nos insulteurs d'outre-Rhin n'ont qu'un seul et même but : prouver à l'Europe que les Français dégénérés ont perdu toute loyauté, toute pudeur, et que les liens sacrés de la famille sont à jamais brisés dans notre patrie bien-aimée.

Ils découvrent dans notre politesse et dans notre élégance les signes évidents d'une profonde décadence, et ils nous décernent volontiers le brevet d'hypocrisie, qui leur appartient à si juste titre. La maison paternelle abrite sous son toit tous les vices, et la mère française, si douce, si aimante et si dévouée est comparée, dans leurs écrits et dans leurs discours, à ces impures qui balaient nos boulevards de leurs robes tapageuses. Nos ennemis s'écrient en chœur avec une modestie touchante : « Notre foyer est calme ; toutes les vertus domestiques y brillent d'un doux éclat ; nos enfants s'inclinent avec respect devant l'aïeul aux cheveux blancs, et Dieu, que nous remercions sans cesse de ses bienfaits, daignera nous choisir pour infliger à la France le juste châtiment de son irréligion et de son immoralité. »

Depuis cinquante ans, la Prusse se prépare avec persévérance à une guerre inévitable, et cependant la France sourit à ses succès : *Quos vult perdere Jupiter, dementat prius.*

Dabou (Septembre 1866).

Je me suis accordé un congé de huit jours que j'ai passé à Grand-Bassam au milieu de mes anciens camarades. Le personnel du comptoir s'était augmenté, depuis mon départ, d'un jeune sous-lieutenant, envoyé du Sénégal pour remplir la vacance résultant de ma nomination au poste de Dabou. Je ne saurais vous dépeindre ma joie à la vue de ce nouvel habitant de la Côte-d'Or, que j'avais connu intimement à l'Ecole militaire. Entré un an après moi à St-Cyr, il avait été placé dans ma compagnie, sous ma direction immédiate. Je l'avais mis au port d'arme, selon l'expression consacrée.

Dès qu'il m'aperçut, il me sauta joyeusement au cou et s'empara aussitôt de son *ancien*, malgré les vives réclamations de l'aide-commissaire et du commis de marine. Après un joyeux dîner et une longue promenade sur la plage, il me conduisit dans cette modeste petite chambre que je vous ai décrite dans une de mes dernières lettres, et que je retrouvai considérablement embellie par les soins de mon hôte, beaucoup mieux renté que votre serviteur. Le sommeil avait fui devant la joie d'une rencontre inattendue, et nous n'avions pas tardé à nous rappeler mutuellement notre passé si fertile en projets chimériques et en illusions trop tôt évanouies. Nous avons évoqué dans le calme d'une nuit qui nous parut bien courte, les jours déjà si loin de nous, pendant lesquels nous avions appris à nous connaître et à nous aimer. C'est un plaisir pour moi de vous répéter aujourd'hui ces douces causeries, et de vous donner quelques renseignements sur cette pépinière d'officiers qui a déjà fourni à la France tant d'illustrations militaires et qui a pu écrire, en lettres d'or sur ses tables de marbre, les noms des Bugeaud, des Pélissier, des Bosquet et des Trochu. Je ne veux suivre aucun programme tracé d'avance et j'inscrirai mes souvenirs dans l'ordre où ils se présenteront à mon esprit.

. . . .

Le temps me manque pour terminer mes notes sur l'école militaire : Bandio m'attend et je veux battre le fer pendant qu'il est chaud. Vous recevrez donc, plus tard, mes souvenirs de St-Cyr.

Dabou (Novembre 1866).

L'argent, l'argent, dit-on, sans lui tout est stérile.

Ce vers de Boileau est vrai chez tous les peuples de la terre, sous le soleil brillant de l'équateur comme sous les pâles lueurs du crépuscule polaire. Convaincu que Bandio était incapable de donner un démenti au grand poète satirique, je fis porter dans notre pirogue de nombreux paquets de manilles, destinés au chef des Boubourys. (La manille, monnaie du pays, en forme de bracelet, a une valeur de 35 centimes environ). Je n'oubliai pas le menu peuple et j'emportai les biscuits avariés et le lard rance que j'avais mis en réserve, avec la certitude d'en trouver le placement, dans un temps plus ou moins éloigné.

Tous les préparatifs étant terminés, je donnai le signal du départ. Les Kroumens, excités par les tirailleurs réunis au bord de l'eau, partirent en chantant, mais bientôt, à leur joie factice, succéda le plus profond silence. Dès notre entrée dans la grande baie de Mopoyem, leur chef, le flegmatique John, poussa de gros soupirs, en jetant de longs regards de regret sur les rives voisines de Dabou. Assis près du sergent, il lui racontait, à voix basse, toutes les sinistres prédictions d'un féticheur célèbre dans les environs du poste.

Voulant interrompre le cours de ses lamentations, je lui offris de nous arrêter pendant quelques instants, pour permettre aux piroguiers de vider une bouteille d'eau-de-vie; mais, ô spectacle inconnu jusqu'à ce jour sur la côte d'Afrique, John repoussa la liqueur favorite des noirs; puis il chercha, dans son patois anglo-français, à m'apitoyer sur son malheureux sort qui le condamnait, lui, Kroumen pacifique, à affronter des dangers que son imagination effrayée exagérait à l'infini. « Pourquoi tirailleur pas venir avec toi, me disait-il en larmoyant, tirailleur payé pour tirer coup de fusil, Kroumen payé seulement pour couper bois et pour conduire blanc à Grand-Bassam. » Je lui promis, pour le rassurer un peu, de le laisser dans la pirogue à notre arrivée au fond de la baie, et je fis pousser vigoureusement notre légère embarcation qui vola comme une flèche sur les eaux profondes de la lagune. Nous aperçûmes bientôt l'arbre fétiche, aux branches gigantesques et bizarres qui forment une voûte de verdure au-dessus de la petite plage où nous devions débarquer.

Bandio et Yet, appuyés sur de longues cannes chargées d'ornements d'or et d'ivoire, nous attendaient à quelques mètres de la rive. Sans faire la moindre allusion à ma visite précédente et agissant comme en pays ami, je fis déposer devant eux, les cadeaux qui leur étaient destinés. Après quelques minutes d'une admiration joyeuse et sincère, Bandio m'attira à l'écart pour me dire que je pouvais considérer la paix comme certaine, et que le palabre définitif aurait lieu après la fête préparée en notre honneur.

Un cruel soupçon me traversa aussitôt l'esprit et je compris avec terreur qu'il me faudrait assister à un sacrifice humain. Partir, c'était vouloir renoncer au but que j'étais si près d'atteindre et nous exposer à une mort presque inévitable. Je renvoyai alors les Kroumens dans notre petit bateau, et suivi de mon sergent, je pris place auprès du chef, sur un banc en bois rouge, grossièrement sculpté.

La figure de Bandio était devenue sinistre : ses

instincts cruels et sauvages se réveillaient, sans doute, à l'approche du dénouement sanglant qui termine toujours les horribles réjouissances de ces peuplades anthropophages. Après avoir consulté son second, l'impassible Yet, le chef des Bouboury̆s agita rapidement sa canne et aussitôt on amena devant lui un malheureux noir, accusé d'avoir cherché à s'enfuir du village où il servait comme captif. L'esclave, connaissant le sort qui lui était réservé, refusa de répondre aux nombreuses questions de son juge, et il s'entendit condamner à mort sans manifester la moindre émotion. Silencieux et résigné, il se plaça de lui-même au pied de l'arbre fétiche, au milieu des ossements humains épars sur le sol.

Le grand tam-tam de cérémonie fut apporté auprès de nous et bientôt commença une danse au caractère étrange et terrible. Tous les noirs qui tournaient autour de nous, emportés dans une ronde infernale, étaient affreusement déguisés. Parmi tous ces démons, altérés de sang et ivres de joie et de vin de palme, l'exécuteur, d'une taille athlétique, bondissait, en hurlant, autour de la victime, dont le regard fixe se perdait dans les hautes futaies qui nous entouraient.

Le géant farouche qui devait jouer un rôle si lugubre dans cette tragédie sinistre, portait sur la tête une énorme calebasse surmontée de deux cornes d'antilope et ornée, à sa partie postérieure, d'une longue queue en crins, d'un rouge écarlate. Tout son corps était sillonné de lignes blanches formant des dessins extravagants. Sa bouche, ses yeux étaient entourés de larges cercles rouges qui donnaient à son visage un aspect hideux et repoussant. Il tenait à la main un grand sabre, avec lequel il frappait en cadence sur une petite cloche provenant, sans doute, du pillage de nos bateaux de commerce. Les autres danseurs sautaient autour de lui, en tirant des coups de fusil, puis disparaissaient derrière le village, d'où ils revenaient s'incliner devant Bandio dont l'œil prenait des teintes sanglantes, en contemplant le spectacle favori des noirs de l'Afrique centrale.

Quand les rayons du soleil, perçant à travers le feuillage, tombèrent verticalement sur nous, le chef fit un signe au bourreau qui, d'un seul coup de sabre, fit voler jusqu'à nous la tête du condamné. Des cris aigus, d'une violence inouïe, éclatèrent aussitôt et les cannibales se ruèrent en masse sur le cadavre qu'ils mirent en pièces, avec l'acharnement de bêtes fauves en furie. A cette vue, je sentis un frisson glacial parcourir tous mes membres et je me rapprochai instinctivement de mon sergent qui avait fermé les yeux devant de telles horreurs. Il fallut cependant surmonter mon effroi et répondre aux questions que le rusé Bandio ne cessait de m'adresser, tout en choisissant un lambeau de la victime parmi les affreux débris humains déposés à ses pieds.

Après avoir assisté au défilé de ces monstres qui vinrent se prosterner devant leur chef, en achevant leur horrible festin, je me rendis dans la principale case du village où devait avoir lieu le palabre définitif. Les conditions du traité de commerce furent rapidement arrêtées et je dus, pour obéir aux usages du pays, tremper mes lèvres dans un breuvage inconnu, préparé par un féticheur de Bouboury-Bell. Cette dernière formalité accomplie, je pus enfin regagner notre pirogue qui nous emporta rapidement vers le poste de Dabou.

Quelques jours après cette entrevue dont le souvenir ne s'effacera jamais de ma mémoire, une goëlette étant venue mouiller dans notre baie, j'eus un long entretien avec son capitaine que je décidai à tenter la fortune chez les Bouboury s. Je restai pendant huit jours à bord, surveillant constamment les allures de nos anciens ennemis et j'eus la satisfaction de voir le bateau de commerce effectuer son chargement d'huile de palme, avec une rapidité de bon augure pour nos relations futures avec le pays le plus riche de la lagune.

Je revins plusieurs fois à Mopoyem pour faire plus ample connaissance avec les habitants et je finis par ramener au poste de Dabou, Bandio et Yet que je traitai avec une profusion qui les éblouit. Malgré la confiance que j'étais parvenu à leur inspirer, ils ne voulurent me suivre qu'à la condition que mon sergent resterait en otage à Mopoyem, pendant la durée de leur voyage. Le brave sous-officier demeura, tout un jour, sous la surveillance des noirs qui le traitèrent, d'ailleurs, avec les plus grands égards. Il ne put, toutefois, faire un pas sans être accompagné d'une escorte dont les armes avaient été chargées en sa présence.

Les tirailleurs ne comprenant rien aux exigences de la politique, suivaient d'un œil farouche tous les mouvements de Bandio qui les regardait d'un air narquois, en visitant le fort. Nos canons, que nous fîmes pointer sur un pavillon abandonné, prouvèrent à notre nouvel allié la puissance de notre artillerie et lui démontrèrent l'impossibilité d'une lutte, qu'il avait failli tenter dans les mauvais jours d'hostilité. Malgré la nouveauté de tout ce qu'ils voyaient, Bandio et Yet ne témoignèrent aucun étonnement et ils conservèrent, pendant leur séjour au milieu de nous, une superbe indifférence pour tout ce qui devait, à notre point de vue, leur causer une profonde surprise.

Notre dîner, dont les mets durent leur paraître bien étranges, les trouva tout aussi impassibles et ils ne se permirent qu'une remarque assez singulière sur la salade, qu'ils repoussèrent, avec dédain, en disant : « blanc manger herbe comme bœuf. »

Nos hôtes, enchantés de leur excursion, ne songeaient pas à nous quitter, mais je n'avais pas oublié mon pauvre sergent qui attendait certainement notre retour avec la plus vive impatience, et, un peu avant la nuit, je reprenais la route de Mopoyem avec nos invités.

Depuis cette visite, Bandio et Yet me témoignèrent le plus grand dévouement et je pus leur envoyer, sans aucune crainte, les bateaux de commerce qui entrèrent dans notre petite baie de Dabou.

Le 14 novembre, à 4 heures du soir, le tirailleur de planton à la porte du fort, signalait l'arrivée de *la Mouette*, petit aviso à vapeur chargé du service de la lagune. Le pavillon flottant à l'extrémité du grand mat indiquait la présence d'un amiral à bord. Quelques instants après, le chef de la station des côtes occidentales d'Afrique prenait connaissance des faits accomplis et me félicitait du résultat inespéré de mes démarches.

Mon sergent, à qui j'attribuai une large part dans

le succès de notre petite expédition, apprit avec joie, qu'il était proposé pour le grade de sous-lieutenant au titre indigène.

Le lendemain matin, nous partions tous, au lever du soleil, pour la baie des Bouboury où plusieurs goëlettes étaient occupées à charger d'énormes tonneaux d'huile de palme, et nous trouvions sur la plage de Mopoyem, Bandio et Yet, accompagnés d'un grand nombre de noirs accourus de l'intérieur, pour se prosterner devant le roi des blancs.

Le grand chef des Bouboury se rendit à bord de l'aviso où il déjeûna avec l'amiral. Il nous quitta après le repas, en emportant de nombreux cadeaux et la promesse d'un oubli complet du passé dont on évita, d'ailleurs, de parler trop longuement.

Depuis le départ de mon supérieur qui m'avait facilement pardonné d'avoir réussi à pacifier le haut de la lagune, sans le concours du commandant de Grand-Bassam, la sécurité de nos compatriotes n'a pas été troublée un seul instant, et jusqu'à ce jour, nos nouveaux alliés ont parfaitement exécuté le nouveau traité de commerce signé par l'amiral.

Rade de Grand-Bassam. (Février 1867).

Je pars demain pour le Gabon où je prendrai passage sur le transport l'*Ariége*, qui doit rentrer en France, après une campagne de deux ans dans les mers équatoriales.

Miné par la fièvre, arrivé à cette période d'anémie qui conduit fatalement à la mort si l'on ne se dérobe, par un prompt départ, à l'action débilitante du climat, j'ai dû quitter le poste de Dabou et me rendre à l'hôpital de Grand-Bassam, pour y attendre un navire de l'Etat.

Un hasard des plus heureux pour moi, vient de ramener au mouillage, devant le comptoir, la frégate amirale. Le commandant en chef s'est empressé de me prendre à son bord pour me soustraire à l'influence pernicieuse des pluies torrentielles qui annoncent le retour de la mauvaise saison.

Adieu donc, terre d'Afrique, si fertile et si insalubre! Puisse ma patrie te consacrer un peu de cet or qu'elle prodigue si souvent dans des entreprises chimériques! Puisse-t-elle fonder sur tes rives une colonie sérieuse et profiter, un jour, des immenses richesses cachées dans tes sombres forêts et dans le lit aurifère de tes fleuves dont les eaux rapides descendent, en écumant, de hauteurs inconnues.

P.-S. — Je reçois à l'instant du chef d'état-major de l'amiral la lettre suivante, qui vous prouvera que je suis toujours digne de l'amitié dont vous voulez bien m'honorer.

DIVISION NAVALE
des Côtes occidentales
D'AFRIQUE.

Cabinet du Cᵗ en chef.
N° 5.

Grand-Bassam, le 25 Février 1867.

« MONSIEUR LE COMMANDANT,

« J'ai vu avec peine que votre santé vous obligeait à quitter le poste de Dabou, que vous avez commandé pendant près de 15 mois ; au moment où vous allez rentrer en France pour y jouir d'un congé de convalescence, il m'est très-agréable d'avoir à vous féliciter de la bonne direction que vous avez su donner aux affaires pendant l'exercice de votre commandement. C'est à l'activité et à l'énergie que vous avez déployées, à la confiance que l'élévation de votre caractère a su inspirer aux naturels, qu'est dû le rapprochement heureux qui a mis fin à l'état d'hostilité qui existait depuis plus de dix ans entre la tribu des Bouburys et le poste de Dabou.

« J'ai fait connaître à Son Excellence le Ministre de la Marine combien j'avais été satisfait de la conduite pleine de mesure et d'énergie que vous avez tenue dans ces circonstances, et j'aime à penser que Son Excellence a pris bonne note des rapports que je lui ai adressés à ce sujet.

« Veuillez être assuré que je ne perdrai aucune occasion de lui remettre sous les yeux les titres que vous avez acquis à sa bienveillance particulière.

« Recevez, Monsieur le Commandant, l'assurance de ma considération distinguée.

« *Le contre-amiral, commandant en chef la division navale des côtes occidentales d'Afrique.*

« Signé : Vte FLEURIOT DE LANGLE. »

En rade de Sierra-Léone (Mai 1867).

J'ai profité de ma longue traversée de Grand-Bassam au Gabon et du Gabon à Sierra-Léone, pour réunir les renseignements que je vous ai promis sur l'école militaire de Saint-Cyr. Je vous les envoie par le bateau anglais qui fait le service entre Liverpool et la côte occidentale d'Afrique.

A bientôt, si Neptune nous est favorable et si l'*Ariége* arrive à Dakar (Sénégal) au moment du passage du paquebot français, qui dessert la grande ligne de Rio-Janeiro à Bordeaux.

A BORD DE L'ARIÉGE

SOUVENIRS DE ST-CYR

SOUVENIRS DE ST-CYR

La journée du St-Cyrien

LE RÉVEIL

Tous les matins, à 5 heures, un formidable roulement de tambours annonce au Saint-Cyrien qu'une nouvelle journée de misères vient de commencer pour lui.

Pendant que l'*ancien* s'étire en baillant et réveille lentement ses esprits endormis, le conscrit, connu à Saint-Cyr sous le nom peu flatteur de *melon*, quitte brusquement sa maigre couchette et se précipite, en pans volants, à la recherche de ses bottes, qu'un caporal facétieux a jetées, pêle-mêle avec celles de ses camarades, dans le coin le plus obscur du dortoir. Malheur à celui que la nature a pourvu d'extrémités par trop allemandes! Le pauvre diable, ne trouvant plus que des chaussures trop étroites, se voit dans la cruelle nécessité de descendre, pieds nus, dans la cour Wagram, où il s'efforcera de faire mentir le fameux axiôme de géométrie qui affirme que le contenant doit toujours être plus grand que le contenu. En moins de cinq minutes, tous les élèves de première année ont achevé leur toilette en plein air, dans la neige ou sous la pluie, selon le temps décrété par le dieu des armées. Les retardataires sont impitoyablement punis de salle de police par les gradés, qui tout en se levant avec le plus grand calme, se plaisent à jeter la terreur dans l'âme du conscrit maladroit.

Après un quart d'heure de récréation (il est charmant le divertissement), chacun rentre à l'étude, où, sous l'influence d'une douce chaleur et à l'abri des anciens, le futur officier cherche à continuer un sommeil si désagréablement interrompu. Le lieutenant chargé de la surveillance, sortant lui aussi d'un lit bien chaud, ne tarde pas à s'assoupir, et à part quelques travailleurs acharnés, toute la promotion retombe bientôt dans les bras de Morphée. Vers six heures et demie, une certaine agitation se manifeste sur un grand nombre de bancs : on songe avec effroi à la classe du matin et le cerveau, encore alourdi, se heurte douloureusement aux aspérités de la descriptive ou de la fortification plus ou moins passagère.

L'ASTIQUE

A sept heures et demie, un nouveau roulement de tambour annonce le commencement de l'*astique* et l'on monte au dortoir où, dans l'espace d'une demi-heure, on doit procéder : 1° aux corvées de pain et de vin ; 2° à l'absorption d'un déjeûner aussi succinct qu'hygiénique ; 3° au nettoyage des bottes et de l'équipement ; 4° à la confection de son lit et au placement régulier des effets de grande tenue dans la case réglementaire ; 5° à sa propre toilette, si le ciel le permet.

Après avoir passé à la hâte un pantalon et une veste de toile, le pauvre *melon*, plongeant la main dans des chaussures presque toujours crottées et mouillées, se démène à outrance pour faire reluire jusqu'aux semelles de ses bottes. A peine a-t-il terminé cette agréable opération, que le sergent de semaine l'entraîne au lavoir, où de nombreux robinets versent à flots une eau glacée qui lui permet de se débarrasser de la couche de cirage étendue sur ses mains et sur sa figure. Le moment est venu de donner à son lit une forme régulière et de transformer son traversin, naturellement cylindrique, en un parallèlipipède rectangle d'une construction irréprochable. — Saisissant ensuite sa *patience*, sa brosse et sa fiole à tripoli, le conscrit disparaît dans un nuage de poussière blanche et frotte, avec enthousiasme, les cuivres de son équipement et de son armement.

L'heure de l'inspection approche, et dans quelques moments l'officier de la compagnie viendra passer une revue minutieuse et sévère : c'est l'instant que choisit l'*ancien* pour renverser paillasse, matelas et couverture et pour bouleverser la case où sont rangés méthodiquement les effets militaires. C'est ce qu'on appelle, dans le style imagé de l'école, *donner une omelette.* Le moindre murmure est dangereux et il faut, sans perdre de temps, faire disparaître rapidement toute trace de désordre. Trois fois heureux si le sergent-major, sous l'influence d'une douce gaieté, ne démonte pas votre fusil pour mêler les vis de votre platine à celles de vótre voisin.

L'ahurissement est alors à son comble et le dortoir mériterait en ce moment d'être crayonné par un Cham ou par un Daumier. L'adjudant de service, de connivence avec les gradés et les anciens, sourit à leurs exploits et assiste, impassible, à toutes les tortures des nouveaux. Le but de ces *brimades*, d'après les anciens, est de *volatiliser* ceux qui ont contracté dans leur famille la pernicieuse habitude de faire cirer leurs chaussures par des mains étrangères et de faire brosser leurs habits par un domestique diligent.

L'INSPECTION

Les rangs sont ouverts depuis cinq minutes : huit heures sonnent et le lieutenant de service, légèrement en retard, s'avance à grands pas vers le peloton : « A droite alignement. — Fixe » commande un sous-officier. Chacun se redresse militairement, prend la position la plus favorable pour dissimuler les défauts de sa tenue et affecte une immobilité de statue. Le képi sur les yeux, la moustache tombante (monsieur vient de se lever en toute hâte), l'officier, d'une mauvaise humeur très-apparente, s'arrête devant chaque élève qu'il examine des pieds à la tête. Les jours de consigne se succèdent bientôt avec une rapidité désolante, et, pour la plus petite tache à sa veste ou à son pantalon, le pauvre conscrit s'entend condamner à quarante-huit heures de salle de police. Le sergent-major suit son chef, en inscrivant les punitions et en approuvant naturellement toutes les remarques de son supérieur. Faites serrer les rangs, dit le lieutenant en s'éloignant, et, aussitôt, les membres reprennent leur flexibilité naturelle et les langues se délient rapidement. Quelques minutes séparent seulement la fin de l'inspection du commencement du cours et tout le monde en profite pour se donner un peu de mouvement et pour respirer à son aise.

LE COURS

Tous les jours, de 8 heures 1/4 à 9 heures 3/4, les deux promotions reçoivent un enseignement distinct destiné à compléter les connaissances acquises par les élèves, avant leur entrée à l'école. Le programme des études comprend principalement les sciences susceptibles d'une application immédiate en campagne. L'examen de sortie roule sur l'art militaire, l'histoire, la géographie, la fortification, les sciences exactes et appliquées et la langue allemande. Tout candidat à l'épaulette qui ne répond pas, d'une manière satisfaisante, aux questions posées par les examinateurs, est envoyé dans un régiment avec le grade de caporal ou de sergent.

Parmi les professeurs attachés à l'école spéciale militaire, il en est quelques-uns dont les noms sont devenus célèbres : tous, d'ailleurs, sont des hommes éminents, qui accomplissent leur tâche avec un dévouement remarquable.

LES PLAISIRS DE LA RÉCRÉATION

Aussitôt après le cours commence une longue étude qui se termine à midi et demi, heure du dîner. En sortant du réfectoire, les deux promotions sont réunies dans l'immense cour Wagram. C'est le moment de la journée le plus redouté du malheureux conscrit. Les vexations les plus ridicules pleuvent alors sur lui et les *brimades* souvent cruelles, quelquefois humiliantes, l'empêchent de jouir en paix d'une recréation qu'il a cependant bien méritée, par sept heures d'un travail presque continu. — Le vent du nord souffle-t-il, âpre et glacé, l'ancien, soigneusement emmitouflé, accourt furieux sur le pauvre *melon* qui se permet de porter des gants et de mettre les mains dans ses poches. La neige tombée pendant la nuit commence-t-elle à fondre sous les pâles rayons d'un soleil d'hiver, aussitôt les recrues reçoivent, de leurs tyrans, l'ordre d'échanger leurs bottes et de sauter dans la boue, à la cadence du pas ordinaire.

Si, intrigué par les chants joyeux d'un groupe

nombreux et tapageur, le capitaine de garde se dirige vers l'endroit où sont réunis presque tous les élèves, un cri d'alarme retentit aussitôt, et la foule se disperse avec rapidité. Quelques retardataires, se traînant douloureusement, peuvent à peine répondre aux questions de l'officier qui apprend, mais un peu tard, que la terrible brimade, la *presse*, vient d'avoir lieu sous ses yeux : refoulés par les anciens dans l'angle de deux murs, les élèves de première année ont été soumis à une pression formidable, dont les effets se traduisent, quelques jours après, par des courbatures et par des crachements de sang.

Quelques gradés se plaisent, en outre, à arracher les boutons de la veste ou de la tunique du conscrit et lui infligent ainsi une humiliation réservée dans l'armée aux soldats condamnés à la dégradation militaire. Malgré l'influence du temps écoulé depuis ma sortie de l'école, je n'ai pas encore oublié les noms de ceux qui nous traitaient d'une manière aussi indigne.

J'ai entendu un grand nombre d'officiers soutenir l'utilité des brimades et prétendre qu'elles préparent les nouveaux à se soumettre, sans murmure, aux dures exigences de la discipline militaire. Je suis convaincu que, loin d'atteindre ce but, les tourments journaliers infligés aux élèves, sous le prétexte de leur apprendre l'obéissance passive, ne font que les engager à regarder, comme des tracasseries inutiles, les règlements qui assurent la force et la cohésion de l'armée.

Le St-Cyrien, quittant généralement les bancs du lycée pour entrer à l'école militaire, n'est que trop disposé à conserver les habitudes enfantines de la vie de pension, et ce n'est pas en le traitant en véritable gamin que l'on peut espérer le transformer en homme sérieux, digne de commander à des soldats français.

Grâce à l'énergie et à la vigilance du commandant actuel de l'école, les brimades auront complétement disparu dans quelques années et les nouvelles promotions béniront le général Trochu, qui, le premier, s'éleva avec indignation contre un abus datant du premier empire.

LA MANOEUVRE

Tenir en équilibre dans la main gauche, suivant la verticale tangente à l'épaule, une lourde *clarinette de six pieds*, n'est pas une petite affaire, et j'ai toujours admiré l'adresse du militaire qui parvenait à se mouvoir en résolvant le problème ci-dessus.

Le port d'arme, inventé par Frédéric-le-Grand, à la suite, sans doute, d'un joyeux souper de Postdam, a résisté jusqu'à ce jour à toutes les attaques dirigées contre lui. On reconnaît généralement dans l'armée qu'il n'a d'autre mérite que son origine étrangère; mais les adorateurs, en culotte de peau, de sainte Routine, poussent des cris de paon à la moindre proposition d'une réforme que les Prussiens ont adoptée depuis de nombreuses années. Il est donc très-probable que les Saint-Cyriens perdront longtemps encore un temps précieux à apprendre un maniement d'arme qui, s'il était simplifié, pourrait être connu après quinze jours d'exercice.

De 2 heures à 4 heures, chaque conscrit manœuvre sous la direction d'un ancien qui est responsable de son instruction militaire. Inutile d'ajouter que, bien souvent, l'instructeur abuse de son autorité pour *brimer* de nouveau le pauvre *melon*, entièrement livré à sa discrétion.

Dès que l'école du soldat est terminée, les élèves de première année exécutent, sous les ordres des gradés, les écoles de peloton et de tirailleurs. Vers le milieu de l'année, les deux promotions forment un ou plusieurs bataillons destinés à faciliter l'instruction des anciens qui doivent, avant leur sortie de l'école, posséder à fond toutes les évolutions prescrites par le règlement de 1833.

Quelques mois après la rentrée, le bataillon de Saint-Cyr, composé de jeunes gens intelligents et exercés avec une sévérité inconnue dans l'armée, manœuvre avec un entrain, une rapidité et une précision qui font l'admiration de tous les nobles visiteurs admis à pénétrer dans l'école. Dans les grandes revues passées au Champ-de-Mars, en l'honneur des souverains étrangers, les St-Cyriens défilent en tête de la troupe et prennent ensuite position en face de la tribune occupée par le chef de l'Etat.

Les sous-officiers des régiments ne peuvent, en général, pardonner aux officiers sortant de l'école la rapidité de leur avancement. Que les sergents-majors qui aspirent à l'épaulette d'or s'interrogent consciencieusement sur l'emploi de leur temps, et ils reconnaîtront que les élèves de Saint-Cyr travaillent plus, en deux ans, que leurs concurrents de l'armée pendant tout un congé.

L'ÉTUDE DU SOIR (5h à 8h)

Après l'exercice, goûter très-frugal, récréation pour tout le monde et nouvelles misères pour les recrues. A 5 heures, les élèves rentrent à l'étude pour s'y livrer à des travaux dont la nature est indiquée par le tableau de service, fixé pour toute l'année par le directeur de l'enseignement (chef de bataillon du génie).

Le silence qui règne dans la grande salle où travaille toute une promotion est interrompu, d'heure en heure, par la voix perçante d'un garçon chargé d'appeler les élèves désignés pour subir l'examen du soir (ces interrogations quotidiennes sont faites par des professeurs adjoints, vulgairement nommés *colleurs*). Ce messager redouté des flaneurs et attaché depuis 30 ans au service de l'école, a reçu le sobriquet caractéristique de *La Terreur*. Ceux dont les noms figurent sur la liste fatale le suivent avec tristesse, pendant que leurs camarades se réjouissent du répit qui leur est accordé.

Tous les quinze jours, une section par compagnie se rend, dans la soirée, à la salle des bains. L'immersion générale est à peine commencée, qu'un gradé facétieux s'écrie tout à coup : « Debout les *melons !* » A ce commandement peu réglementaire, vingt poitrines nues émergent subitement des baignoires et attendent, en grelottant, l'ordre de disparaître dans l'eau tiède et fumante. Cette plaisanterie, assez innocente d'ailleurs, était généralement suivie d'une *brimade*, au moins inconvenante, qui consistait à nous faire grimper, dans la tenue d'Adam avant le péché, aux colonnes en fer supportant la voûte de la grande chambre, témoin de nos ébats aquatiques. Malgré ces désagréments inévitables, nous attendions tous avec une vive impatience le moment de plonger, dans un liquide bienfaisant, nos pauvres corps rompus par le travail de la quinzaine.

L'ÉQUITATION

Plaisir divin pour les initiés, cruel supplice pour les *Cosaques* (maladroits), l'équitation est imposée trois fois par semaine à tous les anciens. Les St-Cyriens étant appelés à devenir officiers supérieurs, on a dû tenir compte du dicton qui prétend que ce n'est pas tout de monter en grade, mais qu'il faut encore monter à cheval. Chacun connaît l'embarras du pauvre capitaine d'infanterie, nommé chef de bataillon, et cherchant un cheval de dame destiné à porter, sans secousses trop violentes, son gros ventre et ses petites jambes si inquiètes à quelques pieds du sol. Pour éviter de semblables préoccupations aux officiers sortant de l'école, on oblige les élèves, pendant la deuxième année, à faire connaissance avec le quadrupède qui doit, tôt ou tard, les faire caracoler en tête d'un bataillon ou d'un régiment, si la fortune les favorise.

Ceux qui ont *moult chevauché* avant leur entrée à St-Cyr, sont enchantés de galoper en cercle dans le grand manége couvert ou sur le terrain de manœuvre ; mais ceux qui ne connaissent le cheval que d'après la charmante description de Buffon, sont peu flattés de confier leur membres à un animal assez enclin généralement à se séparer, d'une manière violente, d'un cavalier trop novice. J'ai gardé, pour ma part, le plus mauvais souvenir du *Défenseur*, du *Ferrailleur* et autres bêtes de l'espèce chevaline dont le trot saccadé me faisait bondir à deux pieds au-dessus de la selle et me faisait *piler du poivre*, selon l'expression ironique de nos instructeurs.

Les sous-officiers de cavalerie, chargés de notre instruction hippique, trop heureux de se divertir aux dépens des fantassins (pousse-cailloux), appliquaient de grands coups de chambrière sur la croupe de nos coursiers qui nous emportaient alors, en bondissant, et nous projetaient bien souvent au milieu du manége, après une lutte aussi courte qu'inégale.

A la suite d'une journée aussi bien remplie, vous croirez facilement que le Saint-Cyrien fait le plus grand honneur au souper et qu'il entend sonner avec un plaisir extrême, à la grosse horloge de l'école, l'heure fortunée du repos.

Les Professeurs

LE PROFESSEUR DE GÉOGRAPHIE

C'est l'homme le plus respecté et le plus admiré des Saint-Cyriens, qui sont fiers d'avoir pour professeur le premier géographe du monde. Théophile Lavallée est l'inventeur de la géographie moderne et c'est lui qui a donné à cette science, surtout au point de vue militaire, l'importance que tout le monde lui reconnaît aujourd'hui. Sa géographie physique et son histoire des Français l'ont placé au premier rang des écrivains de notre époque. En 1858, il fut appelé aux Tuileries pour donner son avis sur le plan de campagne proposé par l'Empereur et pour fournir sur l'Italie des renseignements géographiques, ignorés bien certainement de la grande majorité des Italiens.

LE PROFESSEUR D'HISTOIRE

Les promotions qui se sont succédé depuis dix ans ont gardé le meilleur souvenir des leçons patriotiques de l'homme éminent, dont l'éloquence a si souvent provoqué nos applaudissements enthousiastes.

Décrivant à grands traits les règnes de Louis XIV, de Louis XV et de Louis XVI, notre professeur d'histoire marchait rapidement vers cette époque souvent glorieuse, toujours sanglante, dont les convulsions ont transformé de fond en comble la société moderne. C'est alors qu'il fallait l'entendre raconter cette épopée gigantesque, débutant à Valmy dans l'ivresse de la victoire, pour finir à Waterloo dans l'amertume de la défaite.

Les bataillons ennemis, déchirés par la mitraille, s'engloutissaient de nouveau dans les marais glacés d'Austerlitz; les héroïques soldats de Davoust et de Friand faisaient voler en éclats, dans les champs d'Awerstaëtd, l'altière monarchie prussienne, et la neige d'Eylau s'étendait comme un linceul ensanglanté sur l'armée russe, écrasée par les terribles charges de la cavalerie française.

Bientôt, hélas! sa voix mâle et sonore, après avoir longtemps chanté la victoire, se voilait tristement à l'heure cruelle de la déroute, et lorsque la France agonisante se débattait sous l'étreinte sauvage de ses ennemis, un formidable cri de rage sortait de sa poitrine pour maudire ces maréchaux gorgés d'or et d'honneurs, qui, dans le naufrage de la patrie, ne songeaient qu'à sauver leurs richesses et leurs titres éclatants.

LE PROFESSEUR DE FORTIFICATION

Le capitaine du génie, chargé de nous faire connaître les enceintes bastionnées de Vauban et les fronts de Cormontaigne, s'acquittait de ses fonctions avec un calme que rien ne pouvait altérer. Sa parole lente et monotone prêtait bien peu d'attraits à une science qui laisse beaucoup à désirer sous le rapport de la gaieté, et la confection des gabions et des croix de Saint-André ne parvenait pas toujours à nous faire quitter le roman à la mode.

Lorsque le bruit des conversations particulières commençait à dominer sa voix, notre professeur se contentait de frapper sur sa table avec le manche de son porte-plume, et convaincu qu'un avertissement aussi solennel devait provoquer le plus grand silence, il continuait ses promenades sans fin dans les fossés des redans et sur les parapets des demi-lunes.

Parmi le grand nombre de villes que nous avons tous assiégées sous sa direction, il en est une, Sarragosse, qui nous retînt longtemps au pied de ses murailles. Après avoir livré un grand nombre d'assauts, toujours repoussés, notre brave capitaine recommençait, sans s'émouvoir, une série d'attaques dont nous écoutions le récit uniforme avec une attention de moins en moins soutenue.

Enfin, après un effort désespéré, les Espagnols furent vaincus, la place tomba entre nos mains et..... *toute la garnison fut passée au fil de l'épée.*

A ces derniers mots, prononcés avec une indifférence qui faisait un contraste si frappant avec l'horrible situation de la malheureuse cité, toute la promotion répéta en chœur, en appuyant sur chaque mot : *et toute la garnison fut passée au fil de l'épée.* Imitant l'homme d'Horace, impassible sur les ruines du monde, le professeur effaça lentement le croquis de la ville conquise et commença aussitôt, sans s'inquiéter de l'hilarité générale, le siége d'une autre place forte dont le nom m'échappe aujourd'hui.

LE PROFESSEUR DE LITTÉRATURE

(M. Broutta).

Conteur charmant, improvisateur distingué, le professeur de littérature paraît avoir résolu, avec la langue, le fameux problème du mouvement perpétuel.

On raconte, et je le crois sans peine, qu'il gagna, haut la main, le pari qu'il avait fait de parler, pendant deux heures, sans préparation aucune, sur un sujet insignifiant : la pointe d'une aiguille. Les Saint-Cyriens, rendant un juste hommage à sa faconde phénoménale, se sont emparés de son nom pour enrichir le dictionnaire d'un mot nouveau, le verbe *broutasser*, dont il vous sera facile de deviner la signification.

Tous les professeurs mériteraient, certes, une notice biographique, mais, dans la crainte de devenir monotone, je me contenterai de vous affirmer qu'ils remplissent leurs fonctions avec un zèle et avec une intelligence dignes des plus grands éloges.

La Galette

La contre-épaulette ou *galette* a disparu du *bahut* (Saint-Cyr) vers 1844. L'épaulette à longues franges, qui l'a remplacée, n'a jamais pu faire oublier son aînée, dont le nom paraît devoir être immortel dans l'histoire de Saint-Cyr.

La *Galette*, symbole d'espérance dans un avenir

glorieux, a toujours été vénérée comme la mère de l'épaulette d'or.

Tous les officiers sortis de l'École militaire gardent un pieux souvenir du bois sacré (le Quinconce) (*) où la *galette d'or*, transmise de promotion en promotion, a brillé jusqu'en 1863 à travers le feuillage des arbres séculaires qui ont abrité, jadis, les nobles protégées de Mme de Maintenon.

La *galette* a été chantée, en 1844, par un jeune St-Cyrien qui, depuis, s'est couvert de gloire en Italie et au Mexique.

Voici les principaux couplets de cette *Marseillaise* de St-Cyr :

Noble galette que ton nom
Soit immortel dans notre histoire,
Qu'il soit embelli par la gloire
D'une brillante promotion.
Et si dans l'avenir
Ton nom vient à paraître,
On y joindra peut-être
Notre grand souvenir.
On dira qu'à Saint-Cyr,
Où tu parus si belle,
La promotion modèle
Vient pour t'ensevelir !

(*) Le Quinconce a été rasé en 1863, par ordre de l'autorité supérieure, parce que les anciens en interdisaient l'entrée aux *melons* qui, d'ailleurs, n'avaient jamais songé à se plaindre d'une coutume dont ils profitaient, à leur tour, en deuxième année.

Amis, il faut nous réunir
Autour de la galette sainte ;
Qu'elle vive dans cette enceinte
Au moins par notre souvenir.
  Que ton nom tout puissant,
  S'il vient un jour d'alarmes,
  A trois cents frères d'armes
  Serve de ralliement.
  Qu'à défaut d'étendards,
  Au jour de la conquête,
  Nous ayons la galette
  Pour fixer nos regards.

Soit que le souffle du malheur
Sur notre tête se déchaîne,
Soit que sur la plage africaine
Nous allions périr pour l'honneur,
  Ou soit qu'un ciel plus pur
  Reluise sur nos têtes,
  Ou que loin des tempêtes
  Nos jours soient tous d'azur,
  Oui tu seras encor
  O Galette sacrée !
  La mère vénérée
  De l'épaulette d'or.

Le Triomphe

Des fleurs, toujours des fleurs, disait tristement Calchas, en regrettant les hécatombes d'autrefois. *O campora, o Mauresques !* répétait sans cesse, dans un latin de fantaisie, né sans doute sur les bords de la Tafna, le brave sous-officier d'artillerie chargé de nous apprendre la confection des cartouches et la manœuvre du canon. Notre instructeur trouvait, lui aussi, que tout dégénérait dans ce monde et que l'École était en pleine décadence. — Son exclamation favorite l'avait rendu célèbre, depuis longtemps, sous le nom de *campora*.

Je revois souvent, par la pensée, notre maréchal-des-logis passant rapidement derrière chaque embrasure, pour vérifier le pointage, et il me semble l'entendre encore commander d'une voix brève et stridente : « Attention — première pièce — Feu — Chargez. »

Le vieux brave, à peu près sourd depuis le siége de Rome, et mélancolique comme tous les malheureux atteints de surdité, ne se déridait qu'à la vue de la perche et du tonneau, volant en éclats, sous le choc foudroyant de la bombe.

— Victoire ! victoire ! s'écriait-il alors, en courant féliciter l'habile tireur qui reprenait triomphalement le chemin de la cour Wagram.

Le *père Système* (*), portant la *galette d'or* et le sabre d'officier, complimentait le triomphateur qu'il conduisait ensuite, musique en tête, jusqu'au pied de l'arbre de la *galette*.

(*) Les jeunes gens, reçus à St-Cyr, arrivent individuellement à l'École militaire : le premier inscrit est considéré comme le plus ancien de sa promotion et prend le nom de *père Système*. Pourquoi ? mystère pour moi.

Tous les Saint-Cyriens, agitant de grandes branches chargées d'un épais feuillage, suivaient, en faisant retentir l'air de chants joyeux et de cris d'allégresse.

« — L'entrée du Quinconce ! l'entrée du Quinconce ! » demandaient bientôt les *melons*, en cherchant à pénétrer dans l'asile ombreux réservé aux vétérans.

« — Non ! oui ! non ! non ! répondaient les *anciens*. — Pas de *melons* sous le Quinconce ! — A mort, les *melons saumâtres et marécageux !* »

Tout ce tapage finissait par s'apaiser et, sur un signe bienveillant du *père Système*, les élèves de première année envahissaient le Quinconce, en louant la *ziguité* (bonté) de leurs aînés.

Chaque promotion célèbre la chute du tonneau par un chant de triomphe que les échos de Versailles et de Saint-Cyr répètent à l'envi, dans les grands jours de sortie *galette* (générale).

L'Ours

On donne le nom d'*ours* aux petites cellules où l'on enferme les St-Cyriens, punis de salle de police ou de prison, pour fautes contre la discipline ou pour *minis piqués* en *colle* (notes minimum, dans un examen).

Nos *grands anciens* adoptèrent, sans doute, cette singulière dénomination, après avoir reconnu un certain rapport entre leur isolement, *in carcere duro*, et celui de l'ours vivant triste et solitaire, dans les neiges éternelles des zônes glaciales.

La surveillance des détenus est confiée à des sous-officiers d'infanterie chargés, en outre, d'enseigner aux élèves l'escrime et la gymnastique: L'un de ces gardiens si détestés à St-Cyr, le sergent Môss, natif de Bouxviller, faisait les délices des deux promotions par son langage grotesque et par sa stupidité hors ligne.

J'ai été témoin, un soir qu'il était de garde à l'*ours*, d'une scène bouffonne dont le souvenir est resté gravé dans ma mémoire.

Il était environ dix heures : nous entendions à travers nos minces cloisons les ronflements du sous-officier Môss, digérant avec peine l'énorme plat de choucroute servi à son souper, lorsqu'un de nos compagnons de captivité frappa violemment à sa porte en demandant à sortir, sous prétexte de coliques épouvantables.

« — *Guelle niméro?* » cria d'une voix de Stentor notre ronfleur, furieux d'être réveillé dans son premier somme.

« — *Drende-neiffe* » (39), répondit, en imitant l'accent tudesque de notre sergent, le farceur enfermé dans une des cellules numérotées de 1 à 35.

« — *Oh ! le lâche ! ganaille, prigant !* » vociféra, dans son patois franco-allemand, notre cerbère, bondissant dans l'étroit corridor qui traverse l'*ours*, « *che me blaintrais au chénérale et du zeras vlangué à la borde te l'égôle.* »

Après de nombreuses recherches, aussi comiques qu'inutiles, notre Alsacien rentra dans sa chambre en jurant comme un reître, et nous l'entendîmes, longtemps encore, répéter en grognant : « *Oh le lâche ! oh le lâche !* »

Le fidus Achates de notre amateur de choucroute, le sergent Berlotte, avait acquis, lui aussi, une brillante réputation, grâce aux nombreux cuirs dont il émaillait sa conversation, aussi prétentieuse qu'insensée. Doué d'un appétit formidable et tout fier de la vigueur de son estomac, le sous-officier Berlotte avait tressailli de joie, le jour où ses collègues lui avaient dit qu'il mangeait comme un ogre.

Quelque temps après avoir mérité ce compliment si flatteur pour ses voies digestives, notre glouton surveillait l'infirmerie et assistait au principal repas de la journée.

« — Tudieu ! messieurs, dit-il aux malades, en se rengorgeant et en tordant son épaisse moustache rouge, on voit bien que vous êtes jeunes : vous mangez comme des *nogres.* »

L'Infirmerie

L'infirmerie de St-Cyr, bâtiment d'aspect très-ordinaire, est entourée d'un jardin planté d'arbres fruitiers. De nombreuses allées tournant capricieusement autour de larges pelouses émaillées de mille fleurs variées, permettent aux malades un exercice agréable et salutaire.

Les uns, déjà épris de la gloire des conquérants, retracent sur le sable les terribles péripéties des campagnes de Frédéric-le-Grand et de Napoléon Ier, pendant que les autres, plus mondains, se racontent entre eux leurs succès amoureux de la dernière sortie. Guerriers et galants portent d'ailleurs le même costume peu militaire. Le bonnet de coton et la longue capote en laine blanche ont remplacé le képi si coquet du Saint-Cyrien et sa petite veste pincée à la taille. Les fantassins, généralement philosophes, appréciant à leur juste valeur le calme et la paix que l'on est certain de posséder sous cette tenue plus commode qu'élégante, portent cette dernière avec une suprême indifférence; mais les cavaliers, aux allures aristocratiques, détestent profondément cet uniforme grossier qui cache aux yeux des visiteurs leur élégance habituelle.

Le premier étage de l'infirmerie est réservé aux blessés ; le second est occupé par les fiévreux. De bons lits, garnis d'épais matelas, apparaissent, sous leurs rideaux d'une blancheur éblouissante, comme autant de petits temples élevés à la déesse de l'oisiveté et charment, tout d'abord, ceux que leur bonne étoile introduit dans cet asile inviolable où la Faculté règne sans rivale.

Une chute de cheval, mille fois bénie, me permit enfin de pénétrer dans ce séjour fortuné que j'avais longtemps considéré comme inaccessible, et je pus constater par moi-même l'exactitude des récits enchanteurs de ceux qui m'y avaient précédé.

Une fois admis dans l'infirmerie, on y est soigné, consolé, dorloté par des sœurs de St-Vincent-de-Paul, dont Dieu seul peut récompenser le sublime dévouement. Chacune d'elles a un service distinct et s'occupe exclusivement de la série de malades confiés à ses soins. Mon entorse me plaçait dans la catégorie des blessés, sous la surveillance de la sœur *Peaufine* qui, jeune encore, était plus sensible que ses aînées à des plaintes que nous exagérions, sans pitié pour sa sensibilité, dans le but unique de faire augmenter notre part de confiture ou de chocolat.

Comme les loups les plus méchants se changeaient bien vite en doux agneaux devant cette charmante garde-malade, et comme nous nous empressions de la suivre à la messe et aux vêpres, pour obtenir ses bonnes grâces ! Son doux regard arrêtait alors sur nos lèvres le sourire qu'y provoquaient les chants peu harmonieux de la sœur *Tantum ergo*. Cette dernière, supérieure de la petite communauté, avait pu posséder, quelque trente ans auparavant, une voix douce et sympathique, mais, hélas ! l'âge cruel avait desséché son larynx qui ne produisait plus que des sons rauques et discordants. La sainte femme, entièrement détachée des choses de ce monde, n'en continuait pas moins à lancer, de toute la force de ses poumons, le fameux *Tantum ergo* qui lui avait valu le surnom sous lequel elle était uniquement connue dans l'école, depuis un grand nombre d'années.

Les fiévreux, logés au second et dernier étage, nous enviaient notre jolie sœur *Peaufine* et se plaignaient amèrement de la sœur *Par-le-Flanc*, qui devait son nom à sa marche fort irrégulière. L'infirmité de cette pauvre femme avait, sans doute, aigri son caractère, et je dois à la vérité de dire qu'on ne la vit jamais de bonne humeur.

Chaque matin, à l'heure de la visite, l'infirmerie devenait le théâtre de scènes réellement comiques entre le docteur et les malades. Le disciple galonné d'Esculape cherchait, mais en vain, à nous faire avouer que l'état de notre santé nous permettait de reprendre notre service actif. Nous défendions la position conquise avec l'énergie du désespoir. La nuit avait toujours été singulièrement mauvaise, les fièvres avaient redoublé d'intensité, les douleurs rhumatismales s'étaient accrues dans une proportion inquiétante, et les blessures les mieux cicatrisées la veille s'étaient rouvertes méchamment dans les ténèbres. Le chirurgien, trop poli pour nous contredire, nous écoutait avec le flegme d'un Anglais, et n'en procédait pas moins à des expulsions rendues nécessaires par le nombre toujours croissant des malades. C'est alors qu'il prononçait, avec une concision toute militaire, ces terribles paroles si redoutées des flâneurs : « Nous donnerons à monsieur, ma sœur, trois quarts pain, viande, légumes, demie de vin, limonade..... SORTANT. » L'exeat prononcé, le condamné retombait sur son lit en gémissant, et le docteur continuait, en souriant, son inspection médicale.

Lorsque ma jambe fut guérie, je ne pus me décider à quitter si vite ce lieu de délices et je profitai d'une journée de malaise pour obtenir mon passage dans la salle des fiévreux. Dès le lendemain matin, l'aide-major, suivi de la sœur *Par-le-*

Flanc, vint s'informer de l'état de son nouveau malade. Je lui racontai d'une voix faible, presque mourante, que depuis la campagne d'Italie, je m'étais toujours ressenti de fièvres paludéennes d'une ténacité désespérante. Tout heureux d'avoir à soigner une affection d'origine si glorieuse, notre chirurgien se frotta vivement les mains, m'ausculta longuement, me trouva la rate prodigieusement gonflée, et me recommanda finalement de suivre une longue ordonnance, qui me promettait de nombreux jours de repos et de tranquillité. Quelques rechutes adroites me permirent d'abuser, pendant trois semaines, d'un régime dont j'avais déjà profité, pendant quinze jours, dans la salle des blessés.

Une bibliothèque remplie de volumes illustrés parfaitement choisis, nous aidait à chasser l'ennui de ces longues journées sans travail. Il nous était défendu, en montant à l'infirmerie, d'emporter avec nous nos cahiers d'étude et nous ne pouvions nous distraire qu'à la condition de nous adresser à la sœur *Corps-de-Pompe*, chargée du département des livres et de la pharmacie. Pour comprendre l'étrange surnom donné à notre bibliothécaire, il faut savoir qu'à Saint-Cyr on désigne sous le nom de *Corps de Pompe*, non-seulement les sciences physiques où il est question de cet instrument, mais encore toutes les branches de l'enseignement scientifique. Les connaissances chimiques attribuées, à tort ou à raison, à la sœur qui préparait les médicaments, lui avaient valu un sobriquet dont elle se réjouissait la première.

L'infirmerie a trop souvent, hélas! ses heures de tristesse et de deuil, car le régime de l'école, si favorable aux organisations vigoureusement trempées, épuise bien vite ceux qui ont les premiers germes d'une maladie de poitrine. Dans de pareils moments, les salles se vident comme par enchantement et l'on s'estime alors trop heureux de rentrer en bonne santé dans les rangs de ses camarades.

FIN

TABLE DES MATIÈRES

PARTHENAY. — PAUL BOURSON, IMPRIMEUR.

www.ingramcontent.com/pod-product-compliance
Ingram Content Group UK Ltd.
Pitfield, Milton Keynes, MK11 3LW, UK
UKHW022052190726
13855UKWH00002B/486

9 782012 953864